游戏UI设计实战必修课

Jack/邓杰 编著

人民邮电出版社

北　京

图书在版编目（C I P）数据

游戏UI设计实战必修课 / Jack/邓杰编著. -- 北京：
人民邮电出版社，2016.11（2023.1重印）
ISBN 978-7-115-43541-5

Ⅰ．①游… Ⅱ．①J… Ⅲ．①游戏程序—程序设计
Ⅳ．①TP317.6

中国版本图书馆CIP数据核字(2016)第237805号

内 容 提 要

本书专门介绍有关游戏 UI 设计方面的内容，全书分为 5 章，循序渐进地讲解游戏行业现状、基本功的训练、图标的绘制、界面的绘制，以及就业简历的包装等内容。本书案例丰富，步骤讲解细致，实用性非常强，希望给相关行业的游戏 UI 设计师和设计爱好者提供一个自学的渠道，让大家在摸索和学习游戏 UI 设计时不再迷茫。

为了帮助读者提高学习效率，本书附赠书中全部案例的素材文件和效果文件，同时，配套提供与游戏 UI 设计相关的培训视频，内容超值。

本书适合平面设计师、设计领域相关人士、在校大学生、游戏美术爱好者、游戏设计行业新人和想要转行的其他行业的朋友学习使用。

◆ 编　著　Jack/邓　杰
　　责任编辑　张丹阳
　　责任印制　陈　犇

◆ 人民邮电出版社出版发行　　北京市丰台区成寿寺路 11 号
　　邮编　100164　　电子邮件　315@ptpress.com.cn
　　网址　https://www.ptpress.com.cn
　　涿州市京南印刷厂印刷

◆ 开本：787×1092　1/16
　　印张：13.5　　　　　　　　　　2016 年 11 月第 1 版
　　字数：434 千字　　　　　　　　2023 年 1 月河北第 13 次印刷

定价：69.00 元

读者服务热线：(010)81055410　印装质量热线：(010)81055316
反盗版热线：(010)81055315
广告经营许可证：京东市监广登字 20170147 号

按钮图标

奶酪启动按钮

奶酪暂停按钮

橡胶启动按钮

果冻开始按钮

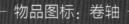

物品图标

物品图标：桃子

物品图标：卷轴

装备图标

—— 装备图标：木盾 ——

—— 装备图标：铁剑 ——

技能图标

—— 技能图标：法阵 ——

—— 技能图标：中靶 ——

系统图标

—— 系统图标：金币 ——

—— 系统图标：药瓶 ——

───── 萌猫杂货店界面 ─────　　───── Q版胜利界面 ─────

中国风界面

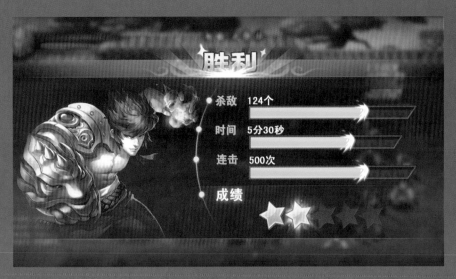

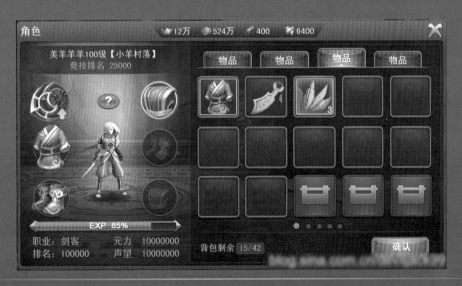

前言

努力很重要,选择比努力更重要!

-Jack

　　大家好,我是Jack,从事游戏研发行业8年以上,主导和参与国内外上线项目20余个。曾担任原掌趣科技、空中网项目美术主管,人人网主UI设计师。从2014年开始,我加入了好友的公司,专注于培养游戏行业UI设计师,目前已经培养了大量游戏UI设计师,分别就职于腾讯、网易、金山和EA等游戏公司。

　　也许上面的简历在读者看来非常光鲜亮丽,但其实我也只是高手云集的游戏研发行业从业人员中很普通的一员。游戏行业是目前国内比较刺激的行业,每天有大量的游戏项目成功诞生,但同时也有很多游戏项目解散,公司倒闭破产。所以,欢迎大家来了解这个行业,但是在进入这个行业前,大家一定要做好吃苦的心理准备。因为虽然这个行业的薪资丰厚,但是压力也是巨大的!

　　在这里,我要感谢人民邮电出版社的几位编辑,感谢他们给予我的帮助,让这本游戏UI设计图书有机会和大家见面。虽然我只是一名普通的游戏UI导师,但是我通过阅读很多相关设计书籍去提高自己的编写能力,将自己的设计经验与技能知识尽可能多地融入到图书中。我希望用简洁的文字和生动的教学案例及视频演示来帮助读者了解游戏UI设计到底是怎么回事。本书还有很多不足,希望大家多多包涵。

　　同时,在这里也感谢我的学生,他们为我提供了一些初级案例,乐于分享他们的学习经验,方便大家更好地学习与交流。也感谢本行业乐于分享的一些前辈们,因为有了他们的作品与教程分享,才给我们提供了不少参考资料和交流学习的平台。在此献上我的签名祝福,希望游戏行业未来有更多的精英出现,一起共勉之。

　　本书附赠学习资源,扫描封底"资源下载"二维码即可获得资源下载方式。由于这是我第一次负责编写教程类书籍,不足和疏漏之处在所难免,还请大家多多包涵。另外,读者如果发现书中内容有误,或者有什么好的想法和意见,可以联系我们,Jack的微博、微信:deviljack-99,欢迎大家加入游戏UI交流QQ群一起进步:103622856、326177179。如果希望了解我更多的信息或者想要看游戏教程和设计方面的素材,读者可以关注我的微博、花瓣等网站(网址见作者简介),书中部分引用知名游戏公司游戏作品截图,著作权归其游戏公司所有,特此声明。其他图片均来源于 Jack学生的作品和网络图片,如果书中使用了其他个人作品还请多多包涵,在此表示感谢。

推荐语

UI是开启游戏的第一把钥匙，也是把控游戏流程的指南针。优秀的游戏UI设计以用户体验为依归，并且能够从视觉的角度，来传达游戏的个性化和可操作性。本书巧妙地阐述了UI在游戏领域的发展历程及游戏UI的交互原则，并且通过大量的案例分析，指引读者如何设计出优秀的游戏UI。非常适用于刚入行的UI设计师学习使用，在此强烈推荐！

——腾讯《枪神纪》项目组美术副总监 蒋远鹏

游戏界面设计是用户接触产品时的重要初体验，决定了用户对产品的第一印象。如何创作出超过用户预期的体验，让需要传递的信息以视觉的方式有序、生动、高效的进行表达，是一项富有挑战与乐趣的高价值任务，也是腾讯游戏视觉设计师不断研究和挑战的课题。游戏界面设计是一份对设计师综合能力要求非常高的工作，希望本书中的经验之谈和训练方法能帮助到同样在游戏体验设计道路上苦苦学习探索的你！

—— 腾讯设计通道专家视觉设计师 刘刚

很高兴终于有人为游戏UI设计来总结、出版此书籍，目前的行业情况确实很需要类似的书籍，让设计师在自学、提升以及训练自己UI设计能力的过程中有很好的参考指南。

——腾讯光子工作室群设计中心副总监 喻中华

UI设计及交互设计在中国还在发展期，有效的学习除了需要参考海外教材扩展知识外，也需要了解实践的挑战及解决方案。Jack通过本书，详细地给大家介绍了什么是游戏UI、游戏UI的行业情况以及游戏UI设计的一些实战技巧，相信对于想多了解什么是游戏UI设计的读者会很有帮助。

——腾讯IEG国际运营中心设计专家 Amyip（叶慧儿）

UI是贯穿游戏体验的生命线，合理的交互，贴切的美化，会让体验者轻松自如沉浸于游戏世界无法自拔。这也是我们公司相当重视ui人才培养和。用户体验研究的原因。Jack是个善于进行知识沉淀并毫无保留分享给广大ui从业者的人，这对于国内游戏产业发展是功德无量的行为。

——莉莉丝CEO 王信文

游戏的界面设计是直接影响用户体验的设计，在整个游戏的制作流程中是很重要的一个部分，同时，UI设计在整个行业的缺口也很大，好的UI设计应该是具备交互和审美两大特性的设计，这样一本从交互到设计的图书是很难得的，对从事UI设计的设计师会有很大的帮助。

——资深场景概念设计师 绿榴莲

得交互者得天下，UI是交互设计的桥头堡，一个逻辑清晰且美观的交互体验几乎决定了一个游戏的成败，可见其重要性。在过往漫长的时间里，我们一直缺乏在UI交互设计领域的理论普及读本，很高兴能看到这本专门针对游戏UI设计讲解的书籍问世，其详尽地探讨了和UI相关的每一个细节，值得所有交互设计师拥有。

——魔视互动CEO，顽石互动创意总监 王科

国内的游戏UI以往没有系统的教育体系，也没有实体游戏UI的教学书籍，很高兴有人踏出了第一步，为各位想入行而不知其门的学生找到了大门。湖面本来平静，等待的就是投下石头的第一人。Jack老师的教学质量是有目共睹的，他的学生在刚毕业的作品中就体现出入行自行摸索四五年的水平，实属难得，未来的游戏UI产业链相信会见到百家争鸣的景象。

—— 爆流

虽然这两年UI崛起的速度势如破竹，但国内优秀的游戏UI设计师仍然供不应求，很大原因是网上的自学资源不够丰富，很多人想学习却无从下手。Jack老师同时拥有实战和教学经验，由他编写的书从零基础到求职都有全面的指导性作用，很适合想入行或进阶学习的人阅读。

——优设网主编 程远

不管是原画还是UI设计，它们都是游戏美术的重要组成部分，我相信好友Jack编写的这本游戏UI设计书籍一定能帮助更多的入门新人快速提高设计和制作能力，了解游戏行业的设计窍门，让游戏UI行业有更多优秀的设计帅。

——资深概念设计师 阮佳

这本书能够出版我感到非常高兴，因为我见证了它从无到有的过程。Jack在业余时间为这本书付出了很多，把他个人多年的从业经验和教学技巧总结都写在了书中，他的这本书能帮助更多的设计爱好者了解游戏设计行业。本书中的案例讲解详细易懂，非常适合入行新人学习，我非常期待Jack的下一本游戏UI设计书。

——宏畅（北京）网络科技有限公司CEO 邓畅

UI设计是一种非常特别的CG艺术形式，既注重美术又注重应用，是一门非常新的学科，市面上关于UI设计的教材十分稀有，相信Jack能够通过这本书用他多年的从业经验为大家开启UI设计的大门。

——CG艺术家 黄光剑

UI是集成了交互心理学，视觉工程学，美术基础应用等多种知识的综合性艺术学科。Jack老师通过特有的理念梳理出了完整UI学科体系。经多年商业作品沉淀到教学实践的打磨出来的这本书，相信会是不可错过的UI专业教材。

——CG插画师 俊西/Junc

如果你经常留意设计类招聘信息，你会很容易发现UI行业的需求量一直很大，而且行业薪资普遍较高，随着移动互联的持续扩张，UI设计也必然会长期火爆下去，UI设计的学习热潮也一定有增无减，我相信Jack用心编著的这本专业书籍，会影响到很多人，会给很多设计师带来启迪和帮助……

——字体设计师 刘兵克

目录

03

图标是个开胃菜 /65

04

界面大餐 /113

Game UI

05

做一个独一无二的UI设计师 /191

策划/编辑

组稿编辑 ｜ 曹祥莉　校对编辑 ｜ 刘　潇
执行编辑 ｜ 曹祥莉　美术编辑 ｜ 李梅霞

01

什么是游戏UI

- ⊙ 探秘游戏行业
- ⊙ 游戏UI设计师的工作内容
- ⊙ 交互对游戏的重要性
- ⊙ 游戏UI案例分析

1.1 探秘游戏行业

1.1.1 我的游戏世界

本节将带领大家一起来了解游戏UI这个行业。首先展示几张比较常见的游戏截图，如图1-1~图1-6所示。平时我们玩游戏时所看到的这些界面和图标就是从事我们这个行业的设计师制作出来的，这也是游戏UI设计师日常工作中的主要内容。

图1-1

图1-2

图1-3

图1-4

图1-5

图1-6

在谈游戏行业前，先简单介绍一下游戏的发展历史。世界上公认最早的电子游戏是Tennis for Two（双人网球），这是由美国物理学家William Higinbotham（威廉·辛吉勃森）于1958年开发出来，并在示波器上运行的游戏，如图1-7所示。现在的游戏玩家看到这个游戏可能觉得毫无美感和可玩性，但是在当时还没有游戏的年代，有一个能操控的游戏是一件能让人为之疯狂的事情。

1983年日本的任天堂推出了一款8位家用游戏机Family Computer（简称FC）。由于其外壳颜色呈红白相间样式，后来也被称为"红白机"，如图1-8所示。作者的童年一直在玩这款游戏机，不知你们玩过吗？而且，当时最流行的送礼并不是送保健品，而是送小朋友一个这样的游戏机。同时，作者曾经为了玩美国的《机器警察》去爸爸同事家蹭了一个暑假，因为当时卡带超级少，而且很贵，大家也都习惯相互交换着玩。

作者的童年基本就是这样的，那个年代有个游戏机玩就是最幸福的事情，另外还有玩射水枪、变形金刚、小人兵、玻璃珠、四驱车等游戏。那个年代没有空调，等作者上了小学后才有了空调。那时的空调大约四五千元一台，启动后会发出和拖拉机一样的声音，但是在酷热的南方那时只要有空调的家庭就已经很让人羡慕了，如图1-9所示。

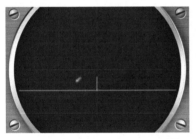

图1-7

图1-8

图1-9

对于当时的游戏记忆来说，印象中的《超级马里奥兄弟》《坦克大战》《魂斗罗》《双截龙》《沙罗曼蛇》《冒险岛》《赛车》及《淘金者》等游戏陪伴作者度过了快乐的童年，不知道大家是否对这些古董级的游戏还有印象，如图1-10~图1-13所示。当年的游戏主要是可玩性，在那个像素级别的游戏美术时代，玩家其实对美术的要求已经降到最低，只要好玩就行。

图1-10

图1-11

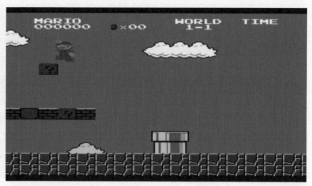

图1-12

图1-13

到了20世纪80年代末期，国内开启了街机时代，那时候去游戏厅打游戏最早使用的是铜币，1元钱能买4枚币，而后期发展到1元钱能买10枚币，只是铜币开始变成了铁币，如图1-14所示。那时候为了打游戏，作者把零花钱省了又省，买了游戏币都是非常珍惜的，每次去带1~2枚，剩下的攒着以后玩，不过大多数时候都是站着看人家玩。

图1-14

当时比较流行的街机游戏有《三国志》《合金弹头》《拳皇》《街霸》和《雪人兄弟》等，相信90后的读者朋友们对这些游戏都十分熟悉，如图1-15~图1-20所示。到了街机时代，游戏美术相比FC时代有了较大的提升，其游戏UI界面也越来越精致。

图1-15

图1-16

图1-17

图1-18

图1-19

图1-20

又过了几年，在小霸王学习机风靡全国的时代，计算机也悄然进入国内，如图1-21~图1-23所示。计算机的发展非常迅速，其CPU从Intel 486到Intel 586，再到后来的奔腾和酷睿系列也就不到10年时间。随着计算机的发展，电子游戏也在飞速前进。当时作者家用了3年的积蓄买了一台奔腾2处理器的计算机，到现在作者都记得我的第一台计算机配置为14寸球面显示器、32MB内存和3.2GB硬盘，并且配有当时先进的光驱和3.5寸盘读取器，是西安海星牌台式计算机，并预装了Windows 95系统，后期笔者自己将其更新到了Windows 98系统。

那时有了计算机之后，就有机会玩到全世界优秀的游戏代表作品。但当时的正版游戏光盘非常贵，通常一张游戏光碟就要卖到100元左右。那时候卖光碟是很火很赚钱的，大街小巷常有神秘的人物突然出现在你的面前，然后问："小朋友，要碟么？游戏、电影、软件都有哦！"而在那个没有网络的年代，也是在作者念初中的时候，那时所有国内外电影作者都是通过看光碟普及的，那时作者的零花钱还都存着买了《计算机时代》《电子游戏攻略》等书，而这些也都是介绍各种软硬件技巧和游戏秘籍的。

图1-21

图1-22

图1-23

国内早期的单机游戏代表公司是1988年成立的"大宇资讯"，其代表作有《大富翁》《仙剑奇侠传》《月影传说》和《轩辕剑》等游戏，如图1-24~图1-29所示。作者玩的第一个国产游戏是《仙剑奇侠传》，当时作者把这个游戏反复玩了很多次，剧情很棒，非常经典。最近仙剑系列已经出到第6部了，可见这款游戏的IP（Intellectual Property的缩写，即知识产权）有多么深入人心。

图1-24

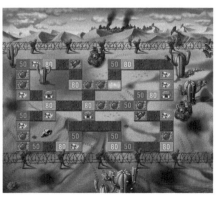

图1-25

图1-26

图1-27

图1-28

图1-29

1997年一家名为3Dfx的美国公司推出了一块叫作Voodoo的计算机显示加速卡，从此计算机游戏进入3D领域，同时也能产生真实环绕音效和环境音效，极大地增强了玩家的游戏体验。然而，真正对游戏业产生革命影响的是互联网和宽带网络技术，也正是这些新技术让网络游戏变为可能。此时，单机游戏和网络游戏都发展迅速，出现的主要有《命令与征服》《星际争霸》《魔兽世界》《反恐精英》《石器时代》和《奇迹》等优秀游戏作品，如图1-30~图1-35所示。

图1-30

图1-31

图1-32

图1-33

图1-34

图1-35

　　2001年，盛大老板陈天桥签约韩国一款网游游戏，名为《传奇》，次年带领盛大团队发挥了社区运营和炒作的作用，短短半年时间就让这款游戏同时在线人数超过50万，成为世界上最大规模的网络游戏，这也让玩家有了新的感官体验。《传奇》是当时中国知名度最高的一款游戏，如图1-36和图1-37所示。近年来，山寨传奇的页游和手游还是很多，且依然有大批忠实的老用户捧场，看下图的玩家人数就可见其当年魅力有多强。

　　此后，游戏行业开始呈现百花齐放的状态，大小游戏公司开始逐渐增多，客户端游戏、网页游戏和移动端游戏都不乏诸多优秀作品，就不在这里一一列举了。

图1-36

图1-37

1.1.2 行业趋势分析

中国游戏产业在发展了近20年后，目前每年近千亿元的产值已经远远将老牌文化产业的电影行业抛在了身后，并成为中国文化产业出口的领头羊。随着行业和科技的发展，中国游戏产业正在成为中国经济中一支不可忽视的重要力量。现在的游戏行业可以分为手机游戏、社交游戏、网页游戏、客户端网游及其他类型。其中，网页游戏和客户端网游因已经发展多年，目前呈饱和状态。手机游戏与社交游戏属于新兴产业，尤其以手机游戏发展最为迅速，如图1-38所示。

图1-38

近年来，随着人们生活水平的提高，各种移动端设备都纷纷进入了百姓家庭。由于计算机无法像移动端设备一样携带方便，所以，移动端设备更适用于现代生活的碎片时间中，无论是在咖啡厅、公交车上、地铁上，还是聚会聊天的时候，都非常方便娱乐。且近年来移动端设备的游戏品种丰富多样，画面也越来越精美，已经不亚于大型游戏设备上的游戏效果了，如图1-39和图1-40所示。

图1-39

图1-40

网络给我们的日常生活带来巨大的便利，各种优秀的游戏出现在苹果的App Store和安卓的各种第三方应用商城中，因此，玩家可以在这些应用商城中获取全世界各种免费或付费游戏，如图1-41~图1-43所示。

图1-41

图1-42

图1-43

除了上面所说的移动设备外，现在比较流行的电视游戏和体感游戏也是未来游戏行业的发展趋势，游戏画面大、临场感强、游戏交互性强与趣味性较大是这些游戏的特点和优势，且这类游戏可以更方便玩家进行情感沟通与互动交流，如图1-44和图1-45所示。

图1-44

图1-45

1.2 游戏UI设计师的工作内容

1.2.1 部门划分

　　一般来说，整个游戏美术部门可分为原画组、三维组和其他三大工种。其中，原画组设计师分为角色原画设计师、场景原画设计师及宣传原画设计师；三维组设计师分为角色三维设计师和场景三维设计师；其他组设计师则包括特效设计师、UI设计师、动作设计师及实习设计师等。

　　游戏UI设计师属于其他中负责游戏研发的一个职位，图1-46和图1-47所示为Jack老师的一个芬兰游戏设计师朋友家中的工作台和其工作时的照片。

图1-46　　　　　　　　　　　　　　　　　　图1-47

1.2.2 游戏UI设计师职位介绍

● 涉及工作范围..

　　如图1-48所示，在游戏研发公司，游戏UI设计师负责的任务通常较多，也比较杂乱，大致负责的工作内容包含以下几点。

⊙通常在一个项目中，UI设计师需要负责这个项目的UI界面、图标、Logo和网页设计等与游戏相关的美术资源制作。

⊙需要负责和策划部门进行沟通，参与前期交互设计、UI和图标原型设计的讨论。

⊙需要和程序员商量游戏UI在项目中的还原效果，例如，位置是否对齐、UI特效是否合适及UI资源是否需要优化等。

⊙需要向美术主管汇报整体工作进度，检查UI效果图和切图资源是否适合程序需要，功能是否满足策划案等情况。

⊙需要配合运营部门设计后期的各种日常活动界面和UI资源。

图1-48

● 待遇情况与技能等级..

　　游戏UI设计师就职的游戏研发公司属于IT行业，金融、IT和科技都是高收入行业。当然，这些高收入的压力也是很大的。在作者工作这7年多时间里可以亲身感受到，平时加班是很正常的事情，尤其对于主管来说，加班到晚上11点也是很普遍的，所以，入行后一定要注意锻炼，且保持身体健康。

　　有志于进入游戏行业的朋友们请注意，这种工作常处于高压状态，大公司偶尔加班，小的创业型公司往往是平时加班伴随着周六上班，所以，应聘游戏岗位通常有一个面试问题为是否可以接受公司加班的情况。此外，通常游戏设计师的工作环境都较为温馨和有创意，比起其他IT行业的职业显得更加人性化，如图1-49所示。

图1-49

　　经常有很多新人朋友会问作者这个行业待遇如何，在这里就为大家做一个比较全面的解答。

　　作者是于2005年从青岛大学本科毕业的，毕业后在青岛工作了多年。在6年前，整个游戏行业的工资待遇还比较低，那个时候一线城市此行业人每月工资超过万元的话就已经非常让人羡慕了，而且通常工龄在5年左右才有可能达到这个薪酬状态。至于刚入行的新人，普遍都保持在1500~2000元/月；1年以上从业者每月是3000元左右；3年以上每月是6000~7000元；5年以上工作经验的人每月才能到10000元。在那个时候美术主管的待遇也就是8000~12000元/月。而作者在2011年来北京，当时就职于北京掌趣科技有限公司的页游美术主管，那时候税后薪酬每月仅8000元左右而已。

　　下面附上作者个人从事游戏行业这些年（2008~2016年）的月薪待遇情况，希望能给读者一些参考和帮助。

担任职位	税前待遇（元/月）	实际工作情况和地点
场景原画	3500	2年左右工作经验，青岛
原画组长	7500	3年左右工作经验，青岛
页游美术主管	10000	4年左右工作经验，北京
手游美术主管	15000	5年左右工作经验，北京
游戏UI设计	15000	6年左右工作经验，北京
游戏UI总监	25000~30000	7年以上工作经验，北京

　　随着这几年来游戏公司逐年增多，人才竞争也变得越来越激烈。各大公司对从业人员的要求每年也在逐步上升，相应的待遇情况也在逐年提高。目前刚入行的新人工资能达到3000~5000元/月；1年以上能力较强的新人能达到8000~10000元/月；3年以上从业人员能达到12000~15000元/月；5年以上从业人员能达到18000~20000元/月。

上述列举的这些都是一线城市从业人员的正常收入水平，如图1-50所示，如果在工作中整天只是混日子，也许5年后薪资还是只能在6000~7000元/月，甚至更少。

图1-50

下面简单罗列一下游戏UI设计师的技能等级和相应的薪资待遇情况，这是作者的亲身经历和多年行业经验所得出的，仅供大家参考，也希望对新人能有所帮助。

⊙ UI设计助手：0~1年工作经验，没有完整项目经验，只会简单的界面设计、图标刻画和拼图，且工作沟通和实际动手能力较差。

⊙ UI设计师：1~2年工作经验，有1~2个完整项目经验，可以制作基本的用户界面，有一定图标绘制能力，但是项目经验较少，驾驭整个项目风格定义略微不足。

⊙ UI设计组长：2~4年工作经验，有多个完整项目经验，可以驾驭主流游戏风格UI设计，并有一定的管理经验，在界面和图标方面均有较强的水平。

⊙ UI艺术指导（总监）：5~8年工作经验，有多个成功项目案例，擅长不同风格题材的UI设计，审美很高，界面、图标的绘制上有较强的能力，在行业有一定的知名度，有几年的项目管理经验，沟通能力较强，人脉很广，能够培养和提高新人能力。

下面介绍的薪酬标准为一线城市游戏UI设计师的税前收入，其中并没有包括奖金和分红部分，只是指纯工资收入范围。比如行业里面某些大型公司如果项目非常好，美术人员的分红和奖金每年就会达到几十万，核心主管人员会达到几百万，普通公司每年美术人员的分红和奖金一般也是几万元，当然如果公司效益不好没有奖金也是有可能的。

职称	职位	平均月薪（税前）	平均年薪（税前）
初级游戏UI设计	UI设计助手	3000~5000元	4万~6万元
中级游戏UI设计	UI设计师	6000~10000元	7万~12万元
高级游戏UI设计	UI设计组长	12000~16000元	15万~20万元
资深游戏UI设计	UI艺术指导（总监）	20000~40000元	24万~50万元

1.3 交互对游戏的重要性

1.3.1 日常生活中出现的交互设计

通常，有很多新人都会问什么是交互。在作者看来，交互就是互动，包括人和人的互动、人和计算机的互动、人和手机的互动及人和社会的互动等。在生活中，时刻都发生着一些交互行为，例如，人和手机的互动，我们在地铁上、公交车上经常会看见有人在使用手机打电话或玩游戏，那么他们发生的这些行为就是人和手机的交互。在一些科幻电影中看到未来和计算机的交互只需要用双手来操作就行，没有了现在的实物机械键盘和鼠标，代表作品有《少数派报告》《钢铁侠》等电影，还有现在流行的"体感游戏"等，都是很正常的交互案例代表，如图1-51~图1-54所示。

图1-51

图1-52

图1-53

图1-54

这里以手机的演变历史来介绍交互的进化。在20世纪90年代初，手机非常宽厚和硕大。那时候的手机代表是一个可以移动打电话的砖头式手机，如图1-55和图1-56所示。那时候如果有人拿着手机在路上打电话是非常有面子的事情。

图1-55

图1-56

慢慢的，手机开始出现了黑白屏幕，可以让用户看到对方的电话号码，或者是阅读短信。几年后，为了让大家使用起来更加方便，手机开始发展成可以翻盖的样式，如图1-57所示，这款手机可以说是当年的代表作了，相信很多朋友一定不会忘记。

图1-57

不久，手机又设计和改变为滑盖的样式，因为打电话和阅读短信已经满足不了用户的需求，手机改变的目的是为了增大屏幕显示，方便玩家娱乐。如图1-58所示，这个时候的手机已经可以非常方便地用来观看电影、听歌或者阅读一些电子书籍和玩游戏。

图1-58

由于翻盖和滑盖在使用中都有不少的缺陷，所以在如今的智能手机时代，手机的流行趋势则变为大屏平板样式，如图1-59~图1-61所示。科技的发展使得触屏功能成为了可能，大大减少了早期机械键盘容易出现故障的问题，同时也减小了手机的体积和重量，让手机变得简单而轻薄，而增大屏幕的原因是为了满足大家播放影片、浏览网页和移动办公等需求。

到了2015年，最新款的手机已经发展成了与手表结合的产品。如图1-62所示，这款产品为以后的科技发展趋势，智能化已经充分体现出来，人们开始逐渐抛弃输入文字，整合其他物件，减少使用者的重量负担，整体朝着极简的趋势发展。

图1-59　　　　　　　　图1-60

图1-61

图1-62

说到这里，大家是否想过一个问题，为什么手机外形和功能一直在不断地变化？这是因为人们和它们的交互一直在变化。

20世纪90年代，手机只需要满足人们移动打电话，而不需要电话线就可以了；之后发展成为可以使用它发短信，携带也更加方便；到了后期，滑盖和平板式的手机将屏幕的可视化做了更多的改良；现在，大家使用的触屏手机，按键越来越简化，屏幕也越来越大，除了打电话、发信息之外，平时更多用于看电影、玩游戏和办公等。

因此，手机的发展史就是一个手机交互的演变过程。另外，近几年来我们生活中的很多设计也在悄悄地发生着一些变化，如家电的外形设计、手机包装盒的外形设计和引导设计，等等，这些都无不体现出交互设计来。

1.3.2　交互对游戏的影响

前面给大家介绍过最早的游戏是在示波器上玩的击球游戏，毫无画面美感而言。但是在那个年代已经是一个极大的发展和突破了。随后，逐渐出现了有画面的彩色游戏和三维游戏，例如，近年来流行的体感游戏和将来可能出现的全息模拟游戏。其实这一系列的变化都是大家对游戏质量和交互体验的需求的不断提升和演变的过程，从早期流畅的运动感和丰富的色彩到精细逼真的三维效果和炫丽的视觉特效，无一不是为了满足玩家对游戏体验不断增加的交互体验需求。

游戏UI从几年前的重装饰设计和内容繁多，到现在流行的简约风和扁平化设计，其中的交互设计变得越来越重要。现在很多游戏公司相继摒弃了早期的烦琐、厚重的装饰设计，改为使用扁平、时尚且重交互的界面设计。将原来很多游戏会出现的文字信息通过合并、隐藏和图形化方法进行优化设计，让玩家越来越感觉不到UI的存在，同时也提升了游戏的体验感，用户的黏性也大大增强。

现在的游戏为了让玩家的体验感更好，设计UI时也更加注重用户体验和交互体验。大家仔细观察下面的3张图，不难发现，几年前的网页游戏界面（如图1-63和图1-64所示）和现在的网页游戏界面（如图1-65和图1-66所示）相比，现在的网页游戏界面在设计上做了更多的优化，这其中就包括了诸多交互方面的优化，如配色、进度图显示及弱化文字等。现在的网页游戏界面隐藏了很多不常用信息，整体显得干净和清爽，且突出了重要信息，减少玩家重复操作，玩家的交互体验感也大大增强了。

图1-63

图1-64

图1-65

图1-66

当然，以上只是针对游戏交互设计做了一个简单的介绍，实际上交互对现在的游戏越来越重要，在后文中将以两个具体的案例为大家详细分析游戏的界面和交互行为对玩家的影响。

1.3.3 合格的交互设计标准

一般来说，一个合格的交互设计应该是没有多余的文字信息，也没有重复性功能和花哨的装饰，层级明确且主次功能一目了然。虽然这句话看似很简单，但真正可以达到以上标准也是很麻烦的。原因很简单，一般在一个游戏公司，不会由一个人独立完成一个项目，而是由不同部门的同事在一起集体对游戏进行研发，这时大家就需要和不同部门的同事进行充分沟通，做设计上的取舍和优化，整合大家的意见来完成最终的设计。

这里作者先推荐大家看3本书，《简约至上》《Don't make me think》和《版式设计原理》，这些都是交互知识方面讲的比较好的图书，相信大家看完会对设计有一个全新的了解和认识。

此外，下面推荐的网站也有很多不错的书可以供大家查阅，如一些关于用户体验、无线端设计和配色技巧等方面的图书，这些可以对我们后期要讲解的游戏UI设计法则有一个预知和了解，同时在具体的工作中也会有所帮助。

优设网的界面如图1-67所示。

图1-67

1.4 游戏UI案例分析

本节为大家分析两个优秀的移动端游戏UI设计案例，大家可以通过对这两个案例的分析，来了解设计游戏UI时需要了解和注意的一些交互问题。

1.4.1 发条骑士2

首先分析这款中文名为《发条骑士2》的游戏。这款游戏的UI设计非常简洁和朴素，没有过多的装饰和花哨感，但是却很好地表现了游戏需要的功能入口和面板信息。简洁朴素的Logo，整体的版面保持居中的排版样式，一个很明显的开始按钮放中间，并且在开始按钮下面放了一些辅助功能图标，方便玩家随时操作，如图1-68所示。

图1-68

进入选择界面后，第一眼看上去感觉非常"丑"，因为它没有很多人心目中的华丽外观和丰富的颜色搭配，如图1-69所示。相信如果在国内的游戏项目中配上这样的UI界面，要么这个设计方案被迫改版，要么这个设计师下月走人。在国内的很多游戏制作人眼里，UI设计一定要"高大上""炫丽"和"土豪"，可是这往往会让玩家觉得游戏性降低，过分的装饰会给大家带来强烈的视觉疲劳。

再看游戏界面上的信息面板，整个界面都是保持一种低饱和度的配色，只有关键的信息部分有明显的颜色区分，这样很好地通过视觉引导了玩家与游戏的互动，如图1-70所示。同时，这些设计的目的也是为了让玩家更加快速和容易地找到需要的交互信息，以便进行下一步操作。

图1-69

图1-70

如图1-71所示，作者个人很喜欢这样的界面，玩的时候有一种在看电影的感觉，其场景结合了宫崎骏大师的动画片《空中之城》和迪斯尼动画片《杰克和豆茎》的场景感觉，让人觉得非常有趣。

图1-71

如图1-72所示，在这个模拟世界地图的关卡选择界面上，设计师特意弱化了名字和一些关卡的附属信息，只设置了一些简单的路线，并配合上了一些小关卡，极大地简化这个副本选择界面的信息量，让玩家更多地去体验到游戏的乐趣。

图1-72

如图1-73所示，正式的战斗游戏界面也是挺棒的，整个场景用了一个实时显示的低模型三维场景，这样保证了场景可以随着玩家不同角度的移动，得到一个实时显示的效果，在战斗UI效果显示方面，设计师在右边操作区域只保留了一个跳跃和一个进攻按钮，大大简化了如其他游戏中右边区域3~4个技能和道具栏的区域设置。

图1-73

此外，这个游戏的体验感做得非常好，它是先让玩家免费试玩，试玩觉得不错再付费购买获得完整的版本。并且游戏的付费按钮选择的是绿色，在色彩心理学中，红色代表警告和危险，绿色代表生命和安全，使用绿色的按钮会比较容易得到玩家认可并付费购买完整版本，间接增加了其付费率，如图1-74所示。

图1-74

1.4.2 石头剪刀布三国志

下面给大家分享的这款游戏是一个韩国的三国题材手机游戏，中文名称为《石头剪刀布三国志》，也是一款非常具有个性和风格，且交互做得非常棒的游戏，如图1-75所示。

这个游戏是以作者的"三国时期"为题材背景，结合了水墨风格和三国时期人物等创意元素，同时又加入了一些韩国特有的文化元素。下面，作者将为大家分析这款游戏的设计优点。

首先，看第1张游戏截图，其类似于一张游戏地图，设计师在上面安排了对话框和一些其他的UI信息，显得非常干净和清爽，但是细节设计又非常到位。例如，界面上、下通过黑色渐变让玩家的注意力集中在界面中间，且对话做了居中展示效果，并用一层淡淡的墨元素突出其文化特征，如图1-76所示。

图1-76

图1-75

如图1-77所示，当玩家在游戏中获得一个角色卡牌时，游戏就会弹出卡片的全屏展示效果。展示界面整体配色非常讲究，在标头用了冷色，其他界面用对比色和暖色来统一整个色调，并且加入了灰色这种中性色来中和整体界面配色。

如图1-78所示，这是在游戏过程中获得的一张五星级角色卡牌的界面，细心的读者可能已经发现两者的边框和里面的徽章其实有所变化，而且等级高的卡牌人物的技能也较多。从交互角度来说，为了区别不同品阶的卡牌，游戏美术人员会用不同的颜色来表示，高级的多用金色表示，突出华丽，有些甚至还加了宝石等材质。

图1-77

图1-78

如图1-79所示，这个游戏中的对战界面效果加入了比较炫丽的特效设计，特效元素的加入给游戏带来了新的气氛，原本很普通的UI界面瞬间就高端大气了。由此可见，适当的特效是可以为游戏UI设计锦上添花的。

如图1-80所示，在部分游戏战斗的界面中，功能划分得非常明确，最顶部的是血条部分，中间是战斗部分。其中血条部分的设计为经典的红蓝配色，让玩家可以很方便地区分自己和敌人的血值。卡牌的远景摆放效果起到了充当中景的作用，使得背景效果不再单调。界面中的最下面部分为游戏出拳的交互区域，目的是方便玩家交互而特意将"石头""剪刀"和"布"这3个图案进行放大。

如图1-81所示，战斗结束的角色升级界面做得简单而不奢华，恰到好处地把升级变化中的一些参数简单直观地表现出来，而少许的特效设计与体现又能较好地烘托出庆贺升级的氛围。

图1-79

图1-80

图1-81

如图1-82所示是其他的一些界面欣赏

图1-82

Game UI

行业探秘 | **内功修炼** | 图标设计 | 界面设计 | 关于自我

02

游戏UI的内功修炼秘籍

- ⊙ 快速升级能力的五大基本功
- ⊙ 手绘基础的练习
- ⊙ 工作中需要的软件介绍

2.1 快速升级能力的五大基本功

从本章开始将进入实际操作示范阶段，图2-1和图2-2包含本章需要学习的相关内容。图2-1展示的是平时在工作中需要画大量的界面和图标速写来明确我们脑海中的创意，图2-2展示的是将设计定稿后就可以开始细化上色工作了。

图2-1

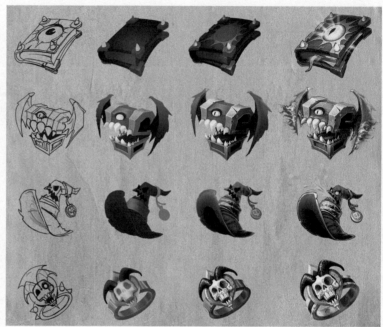

图2-2

2.1.1 手绘基本功

无论是原画师、三维师、UI设计师，还是特效师，作为一个合格的游戏美术设计人员，手绘能力都是必备的基本功。手绘能力强弱决定设计师是否能迅速有效地表达自己脑中的创意和想法，同时手绘能力也是提高设计工作效率的"利器"，如图2-3所示。

图2-3

很多经典游戏作品，如暴雪公司的《魔兽世界》《暗黑破坏神》和《星际争霸》等最早期都是从一些草图设计开始的。在工作前期游戏美术设计师通常会把脑海中的游戏世界和一些设计思路勾勒在草稿纸上，当然，一个优秀的UI设计师也不例外。因此，出色的手绘功底是必不可少的，而且通过一些简单的草图绘制和创意提炼可以更容易提升设计师自身的设计水平，图2-4~图2-6所示是作者平时练习的一些设计草图，有临摹的，也有原创的设计过程图，分享给大家。

图2-4

图2-5

图2-6

那么，既然手绘基本功这么重要，我们要如何练习才能短时间内得到迅速提高呢？通常手绘练习可以分为线条练习、透视练习、写生练习和创作练习这4个大方向，并需要进行逐步练习。具体的方法会在后文详细介绍。

2.1.2 色彩基本功

光色决定物体颜色，而我们平时的可见光通常可分为暖光和冷光，所以，可以将我们看到的颜色分为暖色和冷色两大类。设计师在做设计的时候应合理搭配和运用好不同的颜色，这样设计出来的作品才会看着非常舒服，如果搭配不好，会让人感觉色彩混乱而不协调。图2-7所示为暖色搭配，图2-8所示为冷色搭配。

图2-7

图2-8

具体在做设计时通常的搭配方式都是将冷色、暖色进行组合搭配，如图2-9~图2-11所示。图2-9和图2-10展示的是同类色系的搭配，图2-11展示的是互补色系搭配，这两种色彩搭配方式也是做游戏UI设计经常使用到的。

图2-9

图2-10

图2-11

2.1.3 软件基本功

2014年11月25日，据国际电信联盟的数据显示，全球网民数量已接近30亿人，其中2/3的网民来自发展中国家，如图2-12所示。此外，2014年互联网在全球的使用率增长了6.6%，同时，根据在手机领域中的调查报告中显示，到2014年末，全球手机用户达70亿人，几乎与全球人口总数相当。

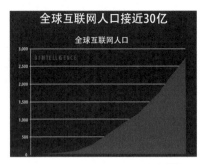

图2-12

这意味着人们未来越来越离不开电子数码设备。早期的艺术家创作都是在画板上手工作画，效率低下而且难以复制和传播。而现在的艺术设计师大部分时间是依赖计算机来进行创作，数字化艺术已经发展成为传统艺术的一个新的分支，如图2-13和图2-14所示。如今，越来越多的网络渠道如论坛、网站和客户端等，都需要数码化的艺术品来进行展示，而且因为数字化艺术具有高效率、无损复制和使用方便等特点，也已经越来越多地运用在了我们的日常生活中。

图2-13

图2-14

常常有很多新人朋友会问：想学好设计是不是需要学会很多软件？就作者多年的从业经验而言，其实了解的软件越多越会分散自身的时间和精力，学会几个常用的就够了，或者在众多的软件当中挑出自己经常使用并且喜欢的工具进行着重学习，其他的只是适当了解便可，如图2-15所示。

作者接触的设计新人往往会很多软件，一般都会5种以上设计软件，而一些主管级别和总监级别的资深设计师到后期熟练应用的软件就只有2~3个。作者在从业的第4年开始只使用Photoshop软件，就足够完成日常工作中的所有设计工作任务，因为Photoshop软件的众多强大功能已经完全满足原画、UI设计等工作需求，完全不需要再使用其他软件，如图2-16所示。当然，作者在这里并不否认其他设计软件一定也有其优势，例如，SAI（Easy Paint Tool SAI）软件画线条很棒，Adobe Illustrator软件做矢量很方便等。但是作为一个合格的设计师，一定要有一个掌握得非常熟练的软件，这是保证自身设计工作能得以顺利开展的前提。

图2-15

图2-16

2.1.4 版式设计基本功

版式设计是设计工作中最基本的能力之一，在做排版设计、游戏交互等很多方面的内容时都需要考验设计师的版式设计能力。一个好的版式设计就体现在构图是否有主次之分、色彩搭配是否合理、整体是否能够给读者带来愉悦的心情。好的设计师往往能通过版式设计来突出设计重点，给读者带来一种视觉冲击力，如图2-17所示。

那么，应该如何提升自身的版式设计能力呢？那就是"多练"和"多看"，多思考和总结一些方法，只有通过大量的练习才能激发创意和灵感，最后才能随时发挥和运用在设计当中。这里在网上给大家找了一些不错的排版设计参考，如图2-18和图2-19所示。

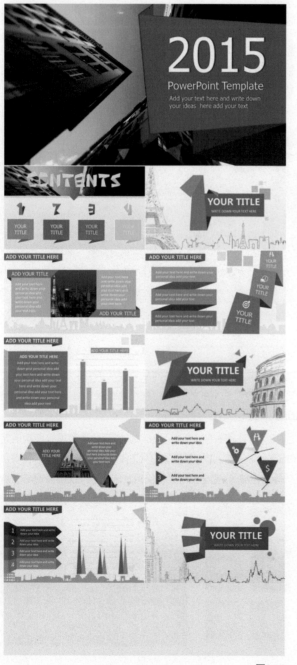

图2-17

图2-18

图2-19

2.1.5 创意练习基本功

有人曾经说过："学习应该像蜜蜂采蜜，倘若叮在一处，所得就非常有限。"时常有初学者抱怨说自己脑海中的创意太少了，实在想不出好的创意，这个问题在作者看来都是因为平时看得少、想得少并且练得也少所导致的。还有很多初学者存在一个误区就是，以为自己是设计师，只看设计方面的资料和素材就可以了，其实不然。如果真想做好设计，平时我们要学会多看一些好的插画、原画、摄影、三维、平面设计、手绘草图等，养成积累素材和灵感的好习惯。除此之外，还要尝试对一些其他的领域进行了解，同时关心生活，这样才有利于逐步提高自己的审美能力，丰富大脑的创意思维。下图都是一些作者收集的不同行业创意设计图，希望对大家有一些脑洞启发。如图2-20~2-26所示。

图2-20

图2-21

图2-22

图2-23

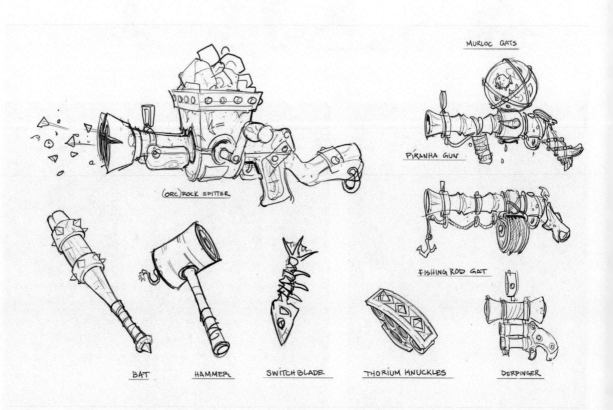

图 2-24

根据蜡烛做的发散创意
（SM－可爱－恐怖系列）

SM　　可爱　　恐怖

SM

请根据瓶子发散创意
（做1~3不同等级血瓶）

请根据剑发散创意
（设计战士、刺客、剑客武器）

动笔试试！

图2-25

图2-26

2.2 手绘基础的练习

2.2.1 线条练习

　　线条作为美术设计师的专业基础，是需要每日坚持和长期练习的，大家可以先从常用的直线、斜线、曲线、圆圈和弧线等线条来锻炼自己对笔的适应能力，从而慢慢熟悉铅笔和数位板的使用，最终达到画线收放自如的效果。这里给大家整理了一些线条练习图，如图2-27～图2-33所示，大家可以尝试先做一些类似的练习来熟悉线条绘制的感觉。练习时可以和平时写字一样正确握笔，注意控制笔的速度和力度，以保证画的每条线条都粗细一致且长短一致为佳。

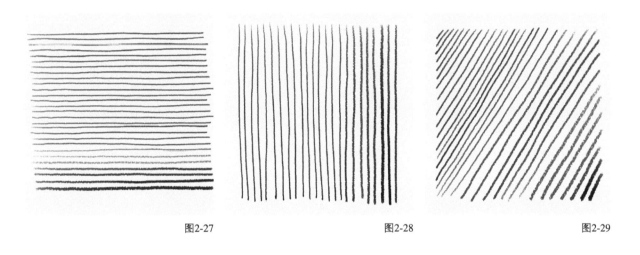

图2-27　　　　　　　　　　　　图2-28　　　　　　　　　　　　图2-29

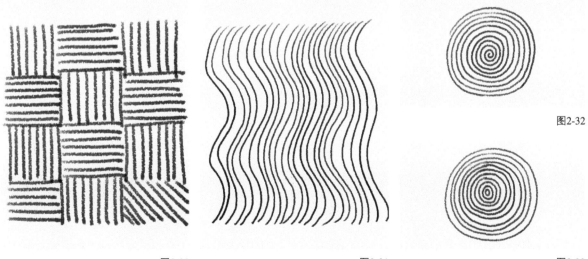

图2-32

图2-30　　　　　　　　　　　　图2-31　　　　　　　　　　　　图2-33

2.2.2 几何体练习

1.立方体练习

下面尝试一个简单的立方体绘制，先调出笔刷，然后跟随步骤进行练习，如图2-34~图2-38所示。

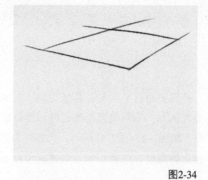

图2-34

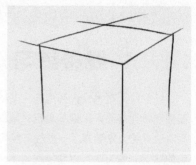

图2-35

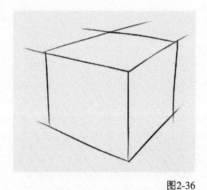

图2-36

图2-37

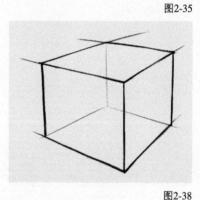

图2-38

2.圆柱体练习

下面来尝试一个简单的圆柱体绘制，先调出笔刷，然后跟随步骤进行练习。这里需要注意椭圆形的绘制，先打出4个点，再用线条连接起来，如图2-39~图2-42所示。

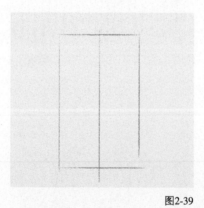

图2-39

图2-40

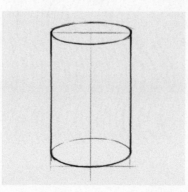

图2-41

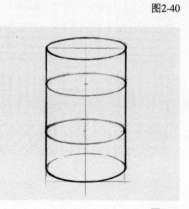

图2-42

3.圆体练习

下面来尝试一个简单的圆体绘制，这里需要注意的是辅助线都是取每条线的中点，然后不断进行细化，最终调整绘制成圆体，如图2-43~图2-47所示。

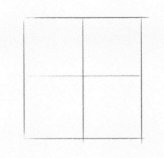

图2-43

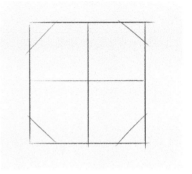

图2-44

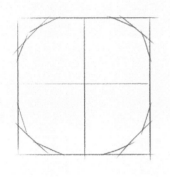

图2-45

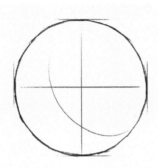

图2-46

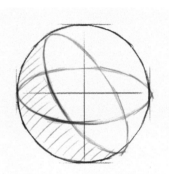

图2-47

2.2.3 透视练习

日常生活中透视无处不在，如我们所看到的高楼大厦、所使用到的任何物品等，如图2-48和图2-49所示。常见的透视包括一点透视、两点透视和三点透视。下面来详细说明这些透视关系的区别。

图2-48

图2-49

一点透视，是指消失点往图中间的一个点消失，如图2-50所示。

两点透视，是指消失点往左、右两边消失，如图2-51所示。

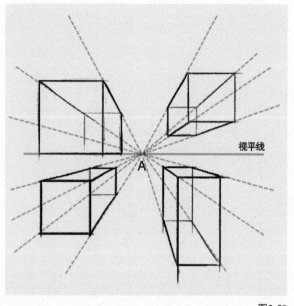

图2-50

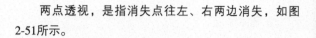

图2-51

三点透视，是指消失点往左、右两边和上、下消失，如图2-52和图2-53所示。

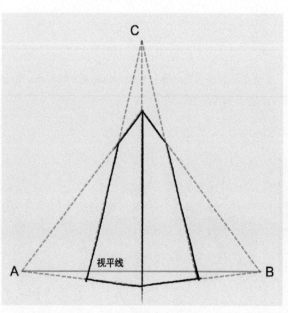

图2-52

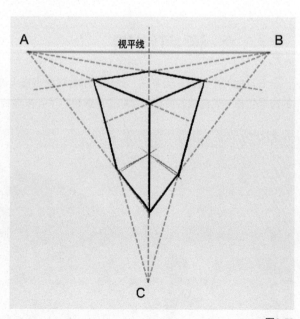

图2-53

下面做几个简单的写生练习，以进一步了解不同透视关系之间的区别，如图2-54~图2-80 所示。

1.一点透视练习

01 用一个水壶来作为参考，并仔细观察，如图2-54所示。

图2-54

02 启动Photoshop软件，按Ctrl+N快捷键，新建一个文档，将【分辨率】设置为72像素/英寸，将【颜色模式】设置为RGB颜色、8位，最后单击【确定】按钮，如图2-55所示。

图2-55

03 新建【图层】，填充【背景】颜色为黄色(R:246，G:241，B:209)。使用【硬边笔刷】，并选取深棕色 (R:65，G:37，B:10)绘制出辅助线，最后标出水壶顶端和瓶底的中心点，如图2-56和图2-57所示。

图2-56

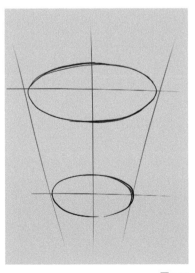

图2-57

04 按照之前标好的中心点描绘出水壶的顶面和底部的圆形轮廓，如图2-58所示。

05 画出水壶的壶身轮廓，并保留出视线看不到的物体隐藏部分的透视结构，以帮助我们找准和矫正透视关系，如图2-59所示。

06 画出水壶的把手部分，以及水壶壶盖厚度和底部的结构，如图2-60所示。

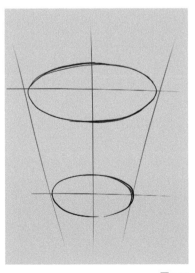

图2-58

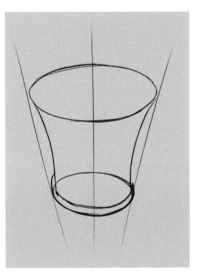

图2-59

图2-60

07 进一步刻画水壶细节，如图2-61所示。

08 细化出水壶的壶盖细节和壶口位置后，水壶的绘制就完成了，如图2-62所示。

图2-61

图2-62

2.两点透视练习

01 找一个可以参考的物品，这里以军工刀为例，如图2-63所示。

02 启动Photoshop软件，按Ctrl+N快捷键，新建一个文档，将【分辨率】设置为72像素/英寸，将【颜色模式】设置为RGB颜色、8位，单击【确定】按钮，如图2-64所示。

03 新建【图层】，将【背景】颜色填充为黄色，如图2-65所示。两点透视物体的优点是容易表现出物体的体积感，首先在画面中确定出视平线和消失点，并绘制出辅助线，如图2-66所示。

图2-65

图2-63

图2-64

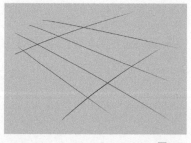

图2-66

04 按照透视关系绘制出军工刀的刀身大致轮廓和形状，如果觉得形态不好掌握，可以先绘制成长方体，然后再进行调整和修改，如图2-67所示。

05 按照透视的角度确定出军工刀各个工具不同的位置，绘制时可以先忽略细节，把角度找准，如图2-68所示。

06 继续绘制军刀工具的外轮廓，将工具中的一些大致形状和厚度表现出来，如图2-69所示。

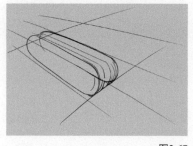

图2-67

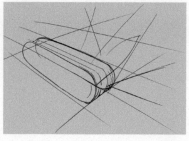

图2-68

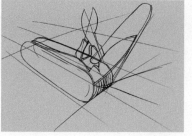

图2-69

07 仔细观察参考物品，刻画出刀身的细节部分，如图2-70所示。

08 刻画细节的时候再调整透视角度，军工刀的绘制就完成了，如图2-71所示。

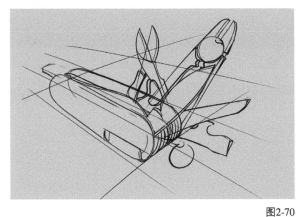

图2-70

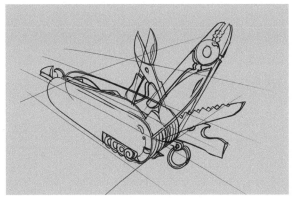

图2-71

3.三点透视练习

01 寻找参考物品，这里以单反相机为例，如图2-72所示。

02 启动Photoshop软件，按Ctrl+N快捷键，新建一个文档，将【分辨率】设置为72像素/英寸，将【颜色模式】设置为RGB颜色、8位，单击【确定】，如图2-73所示。

03 新建【图层】，将【背景】颜色填充为黄色，如图2-74所示。三点透视角度中的物体视觉冲击力比较大，这里首先绘制出辅助线，如图2-75所示。

图2-74

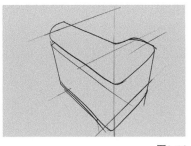

图2-72

图2-73

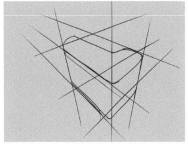

图2-75

04 按照透视关系勾勒出相机机身的轮廓和形状，如果相机圆角的转角形态不好把控，可以先将其画成一个长方体，然后再绘制出细节，如图2-76所示。

05 按照透视的角度检查线条的位置是否准确，在这一步优先确定物体的角度是否有偏差，如图2-77所示。

06 按物体透视关系把相机的镜头和机身的接口位置找准，可以将相机后面隐藏的圆形部分绘制出来，帮助我们理解透视关系，如图2-78所示。

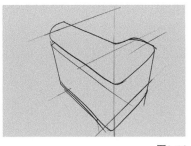

图2-76

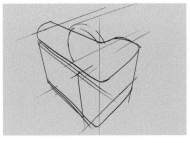

图2-77

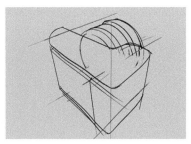

图2-78

07 按照透视的角度继续绘制出相机的镜头部分，绘制时可以将其理解成圆柱体，如图2-79所示。

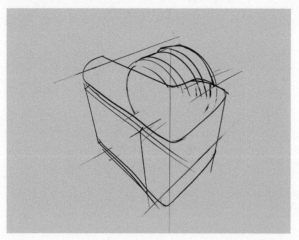

图2-79

08 绘制出相机的显示屏和机身功能区部分，如图2-80所示。

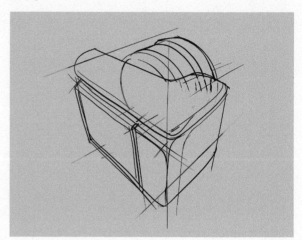

图2-80

09 细画出相机主要功能键的位置，并检查机身各个细节部分是否符合整体透视关系，如图2-81所示。

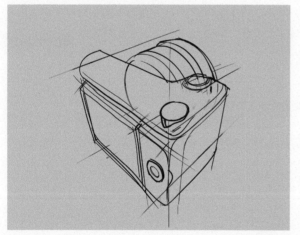

图2-81

10 深入调整，将细节刻画出来，如图2-82所示。

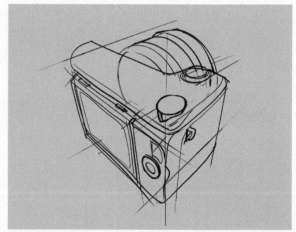

图2-82

11 细化相机的功能键和相机背带等配件，单反相机的绘制就完成了，如图2-83所示。

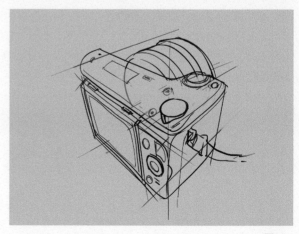

图2-83

2.2.4 基础综合练习

1.宝箱图标的草图设计

这次要设计的是一个宝箱的图标，初步想法是绘制一个微微打开的箱子，箱子里有一只怪物把爪子伸出箱子外边的效果。为了让箱子更具有视觉冲击力，这里采用三点透视的角度来进行绘制。

01 启动Photoshop软件，按Ctrl+N快捷键，新建一个文档，将【分辨率】设置为72像素/英寸，将【颜色模式】设置为RGB颜色、8位，单击【确定】按钮，如图2-84所示。

02 新建【图层】，将【背景】颜色填充为黄色，如图2-85所示。第1步先按照三点透视的角度绘制出辅助线，并分割出箱子上下两部分的大致位置，如图2-86所示。

03 新建一个图层，根据绘制出的辅助线将箱子的大致轮廓勾勒出来，如果箱子的转角需要表现的比较多，可以多画些辅助线以帮助找准位置，如图2-87所示。

图2-85

图2-84

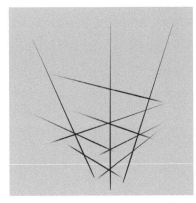

图2-86

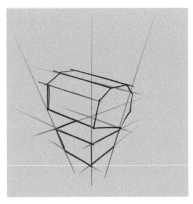

图2-87

04 绘制出箱子的边缘细节，将箱子侧面和里边的厚度表现出来，如图2-88所示。

05 因为需要表现的是一只带有魔幻效果的箱子，所以，把箱子的锁扣绘制成了一只眼睛的效果，如图2-89所示。

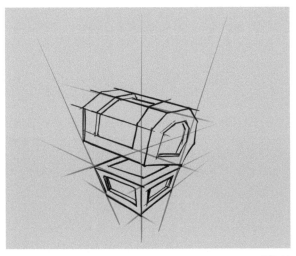

图2-88

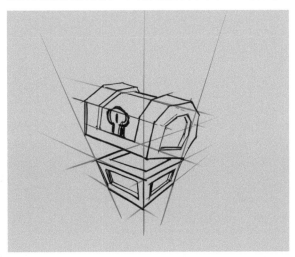

图2-89

06 用剪影的方式绘制出藏在箱子中伸出爪子的怪物，如图2-90所示。

07 将多余的辅助线去掉，即完成绘制，如图2-91所示。

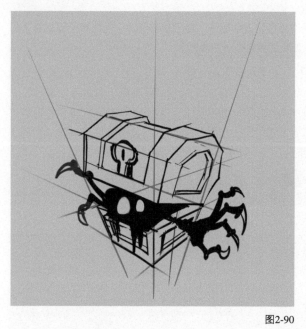

图2-90

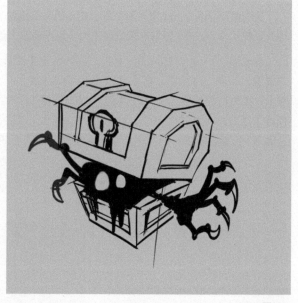

图2-91

2.书籍图标的草图设计

这次要设计的是一个"束缚之书"的图标，初步想法是要做一个书被锁链缠住的效果，书皮上需要运用一些棺材和骷髅的元素，如图2-92~图2-104所示。

01 启动Photoshop软件，按Ctrl+N快捷键，新建一个文档，将【分辨率】设置为72像素/英寸，将【颜色模式】设置为RGB颜色、8位，单击【确定】按钮，如图2-92所示。

02 新建【图层】，将【背景色】填充为黄色，如图2-93所示。然后绘制出书本大致轮廓的辅助线，如图2-94所示。

03 新建一个图层，根据绘制出的辅助线将图书的大致轮廓勾勒出来。考虑到这是一本魔法书，应该会有点破旧和变形，所以，书皮等部位可以做一些变形的效果，这样看起来更真实，如图2-95所示。

图2-93

图2-92

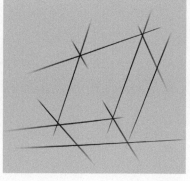

图2-94

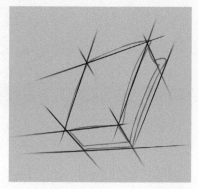

图2-95

04 把魔法书的轮廓线稿描画清晰，如图2-96所示。

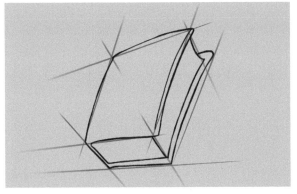

图2-96

05 隐藏辅助线图层，检查图书的大致外形并做调整，如图2-97所示。

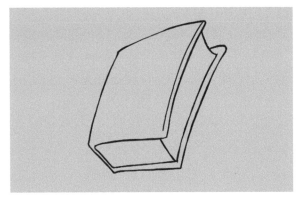

图2-97

06 把书籍轮廓线稿描画得更加清晰，如图2-98所示。

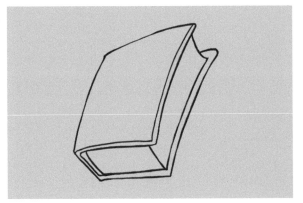

图2-98

07 将书皮上凸起的棺材造型效果绘制出来，注意厚度的表现和把握，如图2-99所示。

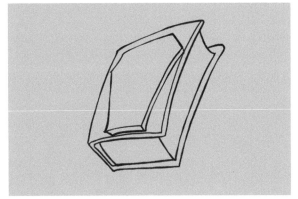

图2-99

08 绘制缠绕住魔法书的铁链。绘制时可以先简单勾勒出一些线条，再细化出单个铁链，如图2-100所示。

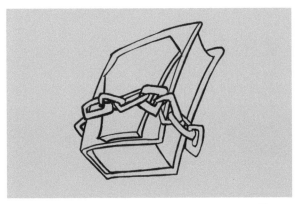

图2-100

09 继续细化整体，刻画出棺材造型上边的骷髅轮廓和效果，如图2-101所示。

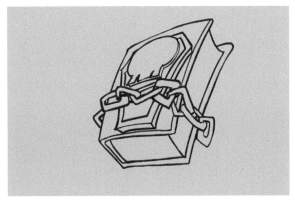

图2-101

10 画出骷髅的细节部分，这里突出了眼睛，削弱了鼻子部分，如图2-102所示。

11 把魔法书书页边缘的细节刻画出来，如图2-103所示。

图2-102

图2-103

12 画出围绕"束缚之书"的骷髅特效，即完成绘制，如图2-104所示。

图2-104

3.瓶子图标的草图设计

这次要设计的是一个瓶子的图标，想法是要做一个瓶子上边有一只蝙蝠的效果，如图2-105~图2-115所示。

01 启动Photoshop软件，按Ctrl+N快捷键，新建一个文档，将【分辨率】设置为72像素/英寸，将【颜色模式】设置为RGB颜色、8位，单击【确定】按钮，如图2-105所示。

图2-105

02 新建【图层】，将【背景色】填充为黄色，如图2-106所示。然后绘出瓶子的辅助线，如图2-107所示。

图2-106

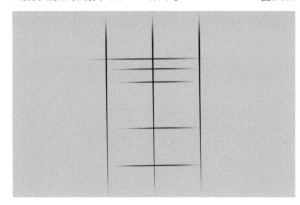

图2-107

03 新建一个图层，根据绘制出的辅助线将瓶子的人致轮廓勾勒出来，勾勒时要注意瓶子下面球体部分的透视关系，如图2-108所示。

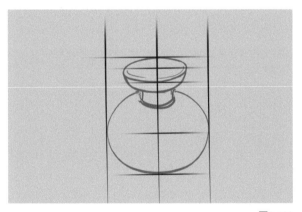

图2-108

04 根据辅助线把瓶子的轮廓描画清晰，如图2-109所示。

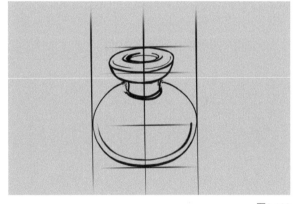

图2-109

05 隐藏辅助线图层，把瓶子旋转倾斜至适合的角度，并根据倾斜的角度画出瓶子内的液体，如图2-110所示。

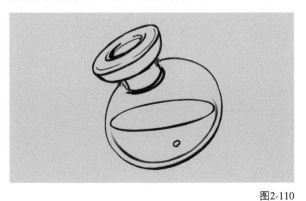

图2-110

06 画出瓶子外部的环形装饰轮廓和形状，如图2-111所示。

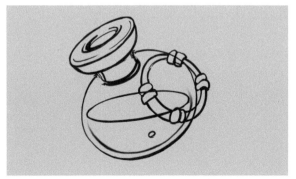

图2-111

07 画出围绕瓶子的装饰物，包括绳子和瓶身上面的骷髅图案，同时画出瓶塞的大致形状，以确定出瓶塞上边的蝙蝠身体的大小，如图2-112所示。

图2-112

08 画出瓶子上部的蝙蝠，注意比例关系的调整，如图2-113所示。

图2-113

09 细化蝙蝠翅膀上的细节，并添加上一些破损效果，如图2-114所示。

图2-114

10 表现出蝙蝠头上特效的大致效果，调整细节后即完成绘制，如图2-115所示。

图2-115

经过以上练习之后，相信大家对物体的透视和游戏图标的制作已经有了一定的了解和掌握。以后还要勤加练习，多总结和思考，手绘能力才能有一个比较大的提升，设计出更优秀的作品。图2-116和图2-117所示是作者要求学生做的基础训练和图标创意草图练习。

图2-116

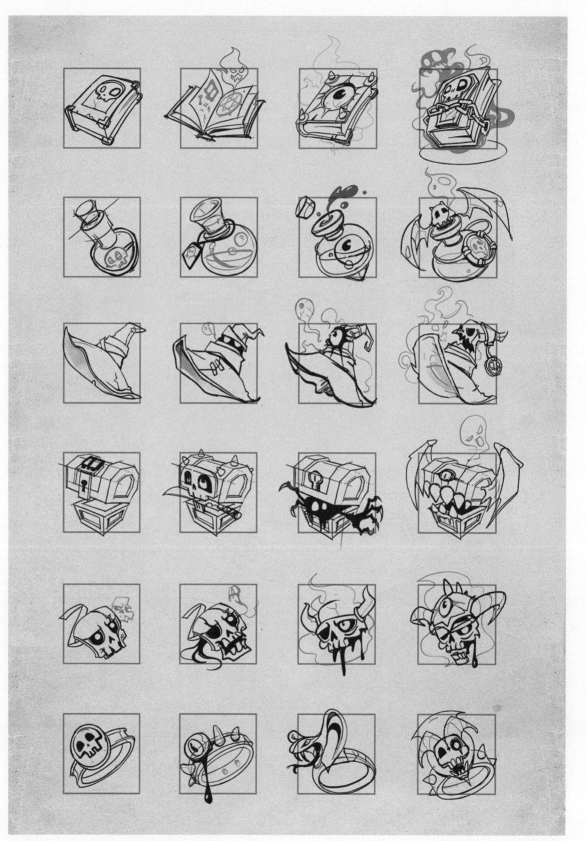

图2-117

2.3 工作中需要的软件介绍

2.3.1 数位板的设置

作为一个游戏设计师,工作中必不可少的装备之一就是数位板。在工作中有很多工作任务需要通过数位板来完成,这里为初学者推荐两款数位板以供参考和使用,如图2-118和图2-119所示。

资金稍微紧张的朋友可以买一个Bamboo系列的数位板,作为入门的学习装备,其CTL-671的面积对于我们UI设计师足够了,它是1024压感。资金稍微宽裕的朋友可以选择Intous pro PTH-651数位板,它是2048压感,绘画手感比Bamboo系列的数位板好,而且绘画面积略大一点的话会有快捷键,使用年限一般能保持5~8年,笔芯半年或一年更换一次即可。

Wacom公司产品Bamboo one PM CTL-671数位板(市场价格为500元左右)

图2-118

Wacom公司产品Intous pro PTH-651数位写板(市场价格为2200元左右)

图2-119

下面给大家介绍一下数位板的基本设置。考虑到本书面对的大部分是新手,所以选择了Bamboo系列的数位板来进行讲解和说明,其他型号的数位板功能设置都差不多,区别就在于多了一些快捷键,如图2-120所示。

感压笔

感压笔上有4个功能按钮,包括笔尖工具按钮、两个功能键按钮和橡皮擦工具按钮。当笔尖触碰到数位板时,计算机软件中就会出现笔触效果,并且根据绘画的压力不同画出不同粗细大小。

图2-120

数位板计算机安装

首先,需要在计算机中安装数位板驱动,安装完毕后即可打开程序对数位板进行功能设定,如图2-121~图2-124所示。

01 单击【所有程序】按钮,选择【控制面板】选项,如图2-121所示。

02 打开【控制面板】窗口,单击【硬件和声音】链接,然后单击【Wacom首选项】链接,如图2-122所示。

图2-121

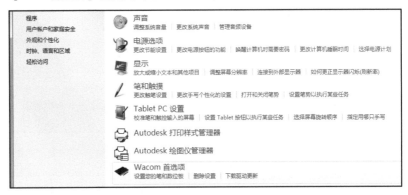

图2-122

03 打开【Wacom】窗口，大家会发现界面上有几个选项卡，其中包括【笔】和【触控功能】选项卡，如图2-123所示。另外，也可选择【所有程序】中的【Wacom】选项，找到【Wacom首选项】，完成设置，如图2-124所示。

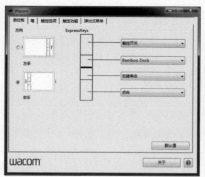

图2-123

图2-124

数位板选项设置

用户可根据习惯对数位板进行设置，例如，习惯右手操作可选择【右手】设置。可以对触控开关进行设置，选择【触控功能】选项卡，下拉后有很多功能可供选择，如图2-125所示。

感压笔选项设置

在计算机中设置感压笔时可调整笔尖感应力度大小、感应笔顶部橡皮擦的感应大小、感应笔功能键的设置及映射区域等。一般感压笔的笔尖感应默认值为中等，如果平时使用时用力小的话，可以把感应设置得轻柔一点，如果用力较大的话，可以将感应设置得用力一些，如图2-126所示。

在这里通常会设定两个快捷键，一个是【右键单击】，另一个是【平移/卷动】，这样会大大提高绘画的工作效率，如图2-127所示。

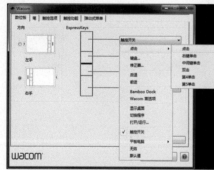
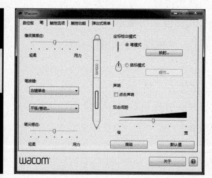

图2-125

图2-126

图2-127

单击【映射】按钮，会弹出【笔模式细节】对话框，在这里大家可以根据自己的需求，设定数位板和显示器的对应位置。如果是使用双屏操作，只能将默认设置设定为一块数位板负责两个屏幕，这样，绘画区域其实就被缩小了，很不方便。这时就需要在界面左边【显示器】选项中选定好一个自己喜欢的写板工作区域；如果使用的数位板型号为L号，绘画面积比较大的情况下，就可以在界面左边的【屏幕范围】选项组中选择【部分】单选按钮，并配合左边的红框手动控制区域来进行设置，如图2-128所示。

切换到【触控选项】选项卡，这里建议取消选中【启动触控输入】复选框，否则，手指一不小心碰到鼠标就会移动，处理起来很麻烦，如图2-129所示。

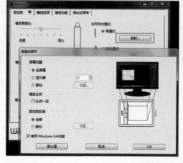

图2-128

图2-129

触控功能设置

此功能方便我们通过简单的手指动作和敲击触摸数位板感应区域来控制画面上下滚动，并缩放查看图像，做一些图像旋转，或前后移动图像的操作等，习惯使用此功能后可以大大提高工作效率，如图2-130所示。

以上数位板的功能设置和操作均为作者的工作习惯和经验分享，大家在平时练习时可以根据自己的需要进行相应调整，将数位板的作用最大化。总之，适合自己的就是最好的。作者平时很少用手绘板的快捷键和触控功能，而是习惯用计算机键盘上完成绘画命令和操作。如图2-131所示，此图中的手绘板配备了无线功能，这种数位板使用起来非常方便，无须在意数据线所带来的不便和烦恼。

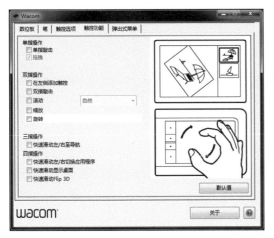

图2-130

图2-131

2.3.2 Photoshop软件介绍和使用方法

Photoshop功能强大，几乎涉及各个设计领域，如平面设计、摄影修图、网页设计、建筑后期、插画设计、界面设计、影视动画制作等，它以其完善的功能成为目前公认的最好用的平面美术设计软件。那么，在具体设计工作当中我们应该如何使用它呢？

打开Photoshop后，在界面左侧的【工具栏】中可以找到各种不同作用的工具，任意单击其中的一个工具后，在Photoshop上方会出现相应的【工具选项栏】，如图2-132和图2-133所示。

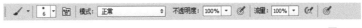

图2-132

在左侧的【工具栏】中几乎每个【工具】右下角都有一个三角按钮，长按鼠标右键后都会展开一系列的工具选项供我们选择，大家可以试试。

工具栏中常用工具介绍

【移动工具】可移动选取图层和参考线等，按住Ctrl键的同时单击画面，可以迅速找出所需要的图层。
【矩形选框工具】可绘制出矩形、椭圆、单行和单列等选区，如图2-134所示。

图2-134 　　图2-133

【套索工具】可用来抠图，绘制选区和图案等。

【魔棒工具】可用来快速选取相似区域。

【裁剪工具】可用来裁切图片，其中的【透视裁剪工具】可改变裁切区域内的图像透视关系，【切片工具】主要用来裁切图片。

【吸管工具】可用来吸取颜色。

【修复工具】可用来修复画面中的污点或修补画面中不理想的地方，或用来修复背景等。

【画笔工具】和【铅笔工具】可用来绘制图案和描边等。

【图章工具】可用来吸取画面的部分区域来绘制画面。

【橡皮擦工具】可用来擦除画面中错误或不需要的区域，其中【魔术橡皮擦工具】可将纯色区域涂抹为透明区域。

【渐变工具】可创建线性、径向、角度、对称及菱形的颜色混合效果，其中【油漆桶工具】可填充前景色。

【模糊工具】可制造出模糊效果，并锐化选择区域。

【减淡工具】可提亮选中区域，【加深工具】可压暗选中区域，【海绵工具】可降低区域内画面的饱和度。

【钢笔工具】可用来绘制图形，并可添加、删除和转换钢笔工具的锚点。

【文字工具】可用来创建和排列画面中的文字。

【路径工具】可以自由编辑矢量图形状，然后得到自己想要的任何形状。

【矩形工具】可绘制出矩形、圆角矩形、圆形及多边形等矢量图，其中【自定形状工具】中有多个小图案可供选择。

以上工具是Photoshop中经常会使用到的一些工具，这里只是做了一些简单的介绍而已。后边大家可以针对Photoshop多去看一些相关的专业书籍或学习视频，并尝试练习和操作软件中的各种工具，来提升自己的设计感，强化手绘功底。

请给自己的工作台加个手写板，我们一起行动起来吧！

03
图标是个开胃菜

- ⊙ 游戏图标和平面图标的区别
- ⊙ 游戏图标绘制前准备
- ⊙ 游戏图标的分类与设计

3.1 游戏图标和平面图标的区别

大家先观察下面这些图，图3-1所示为平面设计用图标，图3-2~图3-5所示为游戏用图标，是否能发现它们之间的区别？

游戏图标和平面图标之间主要有以下4大区别。

⊙ 制作方式：游戏图标在制作方面更偏向于手绘形式；平面图标更偏向于软件制作形式。

⊙ 图标特点：游戏图标需要有明显的游戏特征；平面图标则更多体现的是"拟物化"的效果。

⊙ 尺寸大小：游戏图标的常见像素大小为80~150，适用范围较为局限；平面图标用途范围则较为宽泛，一般48~512像素大小都适合。

⊙ 题材不同：游戏图标往往需要围绕游戏中的物品、装备、技能和系统界面等进行绘制，相对平面图标来说绘制范围较为局限；平面图标的绘制范围则非常宽泛，因此，生活中的任何东西几乎都可以作为图标绘制对象。

图3-1

图3-2

图3-3

图3-4

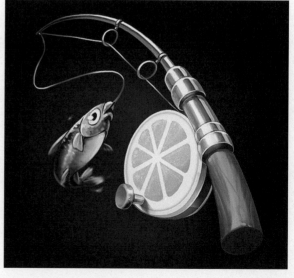

图3-5

3.2 游戏图标绘制前准备

3.2.1 草图绘制

草图绘制一般有两种方法，一种是画在纸上，另一种是利用手绘板在计算机中完成绘制。无论是用哪种绘制方法都是可行的，只不过如果将图标画在纸上的话，需要通过扫描仪或是图片导入的形式将图像呈现在计算机当中，再进行后期加工和设计。图3-6和图3-7所示分别为手绘图标效果图和计算机绘制图标效果图，图3-9所示为两种方法结合绘制出的图标效果图。

图3-6

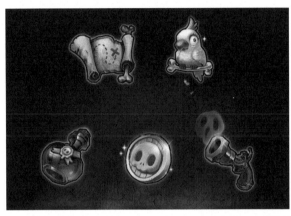

图3-7

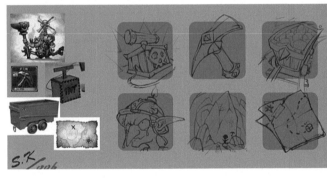
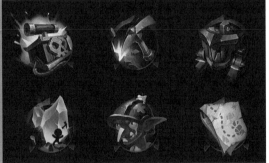

图3-8

● 怎么在草稿纸上绘制草图

作为一个合格的设计师，要养成平时在速写本上绘图的好习惯。可以说，作者在很小的时候就是一个爱看漫画和涂鸦的调皮小少年，图3-9所示是作者几年前平日工作时绘制的一些临摹和原创练习手稿，经常绘制草图可以增加创意和使用数位板的熟练程度，同时对图标和界面创意设计图也会有很大的帮助。

图3-9

　　下面为大家介绍一下手绘草图的基本流程。绘制出物体的造型轮廓和形状，并注意透视关系的处理。将物体上的细节大致地表现出来。深入设计想法，并对物体细节进行不断完善。对细节做最后调整，并将物体轮廓整体勾勒清晰，将线稿整理干净。

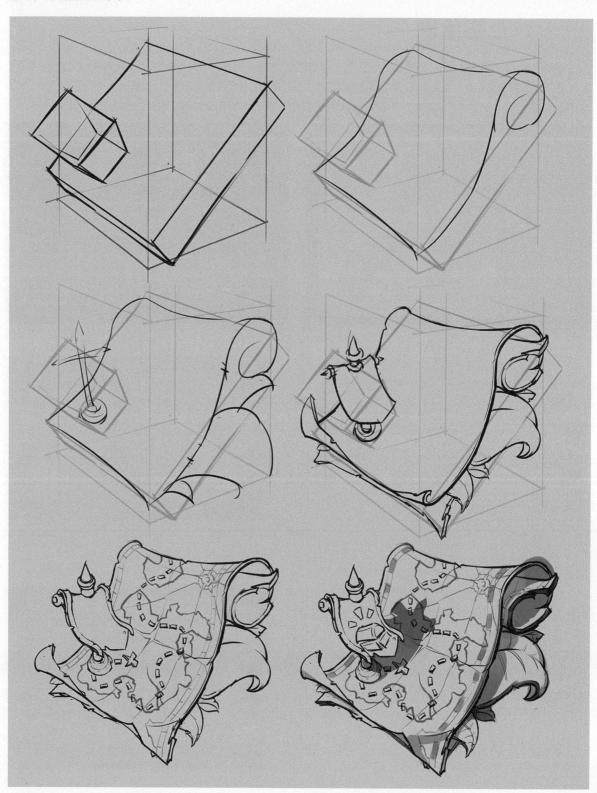

● 怎么在计算机中绘制草图..

在日常设计工作当中，我们一般很注重工作时间和效率，这时候往往很多设计师会直接选择在软件中绘制草图。下面就为大家介绍如何在Photoshop中绘制图标草图。

01 创建一个空白文档。启动Photoshop软件，按Ctrl+N快捷键，新建一个文档，设置文档【宽度和高度】为450像素×450像素（计算机图标草图为实际游戏运用图标的2~3倍大小），设置【分辨率】为72像素/英寸、【背景内容】为白色，设置【颜色模式】设置为RGB颜色、8位，单击【确定】按钮，创建完毕，如图3-10所示。

02 填充【背景】图层。设置一个前景色，并按Alt+Delete快捷键，将【背景】图层填充为米黄色(R:246，G:241，B:209)，如图3-11所示。

03 设置好草图绘制所需要的笔刷。单击【画笔工具】 ，按快捷键F5，打开【画笔预设面板】，选择【喷枪柔边圆 45】笔刷 ，同时将画笔大小设置为10像素，便可以开始进行草图绘制了，如图3-12所示。

图3-10

图3-11

图3-12

● **TIPS** ●

本书中所有案例的草图绘制除有特殊说明外，其他所采用的笔刷大小均为10像素的"喷枪柔边圆 45"笔刷；此外，很多读者常用的笔刷大小为"19 号笔刷"（为 Photoshop CS5 以前版本中的默认笔刷），而我们目前使用的此款笔刷的绘制效果与其非常相仿，不同之处在于此款笔刷的过渡效果更为细腻一些。

---

04 将笔刷设置好后，开始绘制出瓶子的辅助线，如图3-13所示。

05 新建图层，并根据辅助线将瓶子的大致轮廓勾勒出来，勾勒时注意瓶子下半部分中球体的透视关系，如图3-14所示。

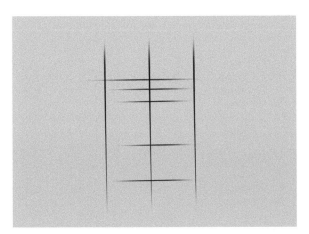

图3-13

图3-14

06 根据辅助线把瓶子轮廓线描画得更为清晰一些，如图3-15所示。

07 隐藏辅助线图层，把瓶子旋转倾斜至自己觉得合适的角度，并根据瓶子倾斜的角度画出瓶子内的液体，完成绘制，如图3-16所示。

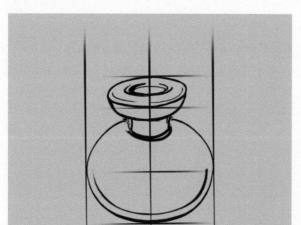

图3-15

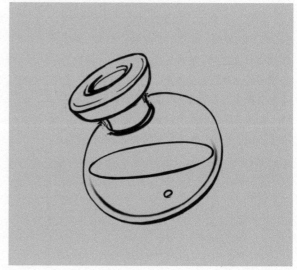

图3-16

3.2.2 笔刷的使用技巧

在游戏UI设计中，笔刷的选择是一个很重要的环节，合适的笔刷可以提升工作效率。下面为大家介绍如何整理和拥有一套自己的笔刷。

在Photoshop软件中新建一个空白文档，单击【画笔】工具 ✎，在空白画布上单击鼠标右键就会出现笔刷库。每个Photoshop软件中都会有一套默认的笔刷，而大部分设计师为了能做出更多好的设计效果通常都会在平时整理一套自己的笔刷。

图3-17和图3-18展示了一些我们常用的笔刷，大家可以根据自己的习惯和爱好整理一些自己喜欢的笔刷效果。

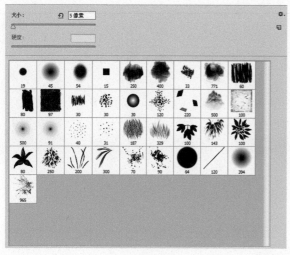

图3-17

图3-18

如果想载入自己喜欢的笔刷库，只需要在【画笔工具】面板中选择【载入画笔】命令即可，如图3-19所示。如果不需要使用之前的笔刷，那么选择面板中的【替换画笔】命令就可以只留下新加载的笔刷。

如图3-20所示，右边为不同笔刷制作出的一些效果展示。由此可见，不同笔刷所产生的效果是不同的，有的笔刷适合绘制草图，有的适合做设计的细化处理，有的适合做效果渲染等。因此，这里建议大家在安装新笔刷之后，可以先试试绘制效果，从而根据自己的需求和喜好整理出一套自己常用的笔刷，这样会大大提高工作效率，也容易使设计质量得到很好的提升。

图3-19

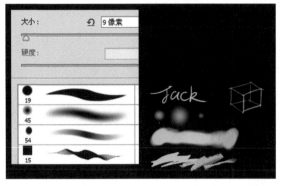

图3-20

> **TIPS**
>
> 在网上有很多笔刷资源可供大家下载，如果想了解作者在本书教学中所使用的笔刷，可扫描书中的二维码获得资源下载，也可以加作者的 QQ 群，找到里边的群文件进行下载，群号为 103622856 和 524943287。

3.2.3 图标尺寸的设定

经常有初学者会问："游戏图标应该画多大才合适？"就作者的个人经验而言，计算机中绘制的图标应为实际游戏运用图标的2~3倍大小。如游戏策划师要求提交程序的资源图片为100像素×100像素大小，那么在计算机中具体绘制时图标尺寸大小就应保持在200像素×200像素或者300像素×300像素；针对画风奔放的设计师，最好能将倍数再放大一点，这样图标缩小之后看上去也才会感觉更为精细；另外，放大图标绘制尺寸与大小还有一个好处就是可以适用于以后HD（高清）版本游戏的使用，从而在高清游戏版本中就不需要再重新绘制美术资源了。

下面给大家展示了3个不同尺寸的图标，目的是想告诉大家在不同的美术资源中，一个图标需要什么样的尺寸才适合，如图3-21和图3-22所示。两图中从左到右分别展示的是游戏图标的原始尺寸大小、高清游戏中图标的尺寸大小和游戏图标最小尺寸。

400-400大小　　200-200大小　　100-100大小

图3-21

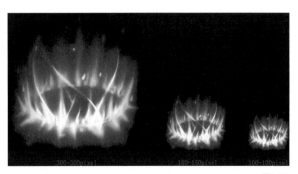

图3-22

3.3 游戏图标的分类与设计

图标是游戏UI中的重要组成部分，如图3-23和图3-24所示。如果游戏中没有UI信息的处理和图标设计，那么整个游戏用户体验就会变得很差，如玩家可能会找不到各个游戏功能的入口，也不知道该如何操作，甚至不知道游戏胜利后会得到什么样的奖励、失败会得到什么样的惩罚等。

图3-23

图3-24

游戏中的常用图标主要分为物品图标、装备图标、技能图标、系统图标及其他图标，如图3-25~图3-28所示。在下文中会给大家详细介绍一些游戏图标的绘制过程，希望大家在认识这些图标的同时也能快速学会每类图标的绘制方法。

图3-25

图3-26

图3-27

图3-28

> **◦ TIPS ◦**
>
> 在实际工作中，UI 设计师首先会拿到游戏项目的策划案，然后再根据策划案的要求来绘制游戏项目中所需要的图标，最后完成切图提交给程序人员，这样就可以在游戏中看到绘制的图标的还原效果了。

下面以一个项目中的图标设计要求为例。

⊙ 绘制一个法师的技能图标，整体颜色要求为紫色。

⊙ 具体表现为法师从地面召唤一个法力圆圈，同时出现一些散射喷溅的火焰在旁边。

⊙ 最终的图标尺寸大小要求为100像素×100像素。

这里大家需要注意一个问题，策划案通常会有一些隐藏信息没有说明，这时如果贸然开始进行图标绘制，后期很可能就会出现不符合策划要求的情况，同时返工率也较高。所以，拿到策划案后需要先和策划人员进行充分沟通，了解好整个项目完整的需求。在沟通之后通常能得到更多有价值的信息，这样更利于设计工作的开展，工作效率也会大大提升。

在和策划师经过充分沟通之后通常可以得到以下隐藏要求与信息。

⊙ 实际绘制中图标需要按照原始图标尺寸的2~3倍大小来安排。

⊙ 图标绘制完按F_jn_001的格式命名，方便策划人进行资源管理。

⊙ 图标绘制完成后按24位png的格式进行保存，并提交给程序。

⊙ 图标绘制完成时间一般为4小时之内。

3.3.1 物品图标

物品图标是游戏中的常见图标，也是最为基础的图标。在整个游戏图标中一般数量较多，但绘制时也较容易，如图3-29所示。那么，如何从众多图标中区分出它们呢？

物品图标的两大特点如下。

⊙ 主题性较为明确，会按材料、食品、任务道具及装备强化消耗品等来进行划分。

⊙ 品种丰富，每个图标在游戏项目中都有特定的用途。

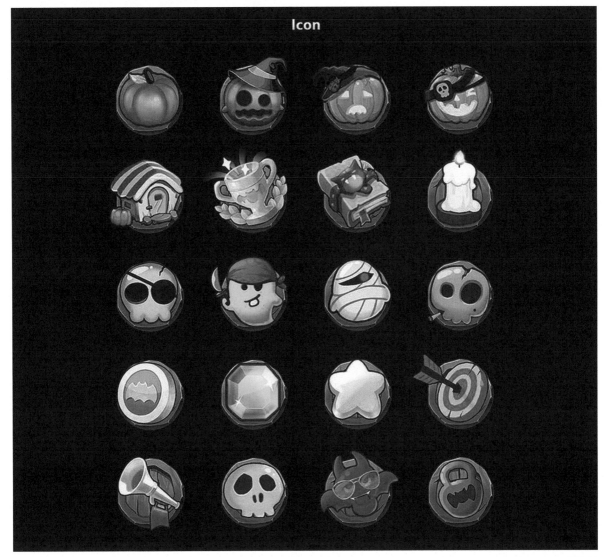

图3-29

桃子 案例1：桃子

案例综述

　　物品图标常表现为小游戏当中使用到的一些物品和道具，在游戏中一般都充当一些功效补充的作用。例如，下面要绘制的这个桃子图标在游戏中很可能就是用来补充体力的。在绘制此类图标时要注意物品主体的突出，让玩家一眼看上去就喜欢，才愿意选择获取或购买，如图3-30所示。

设计要求

绘制一个物品图标，要求是一个青涩的桃子。

希望能带有一些可爱的表情，让图标显得活泼和可爱。

最终游戏项目运用的图标实际尺寸大小为100像素×100像素，绘制时需按原始图标尺寸的2~3倍大小进行绘制。

配色方案

| cfe112 | 5c9c03 | 22410a | 6e3022 | 2b1302 |

图3-30

图标绘制步骤

01 启动Photoshop，按Ctrl+N快捷键，新建一个文档，设置【宽度和高度】为450像素×450像素，设置【分辨率】为72像素/英寸，设置【背景内容】为白色，设置【颜色模式】为RGB颜色、8位，单击【确定】按钮，创建完毕，如图3-21所示。

02 按Alt+Delete快捷键，将【背景图层】填充为黑色，然后新建图层，将其命名为【草图】，如图3-32所示。

03 在新建画布上绘制草图。以桃子整体为主，使用【钢笔工具】快速在画布上表现出脑中的想法；绘制时最好多画几个草图，然后选择一个自己认为最好的做继续深入，如图3-33所示。

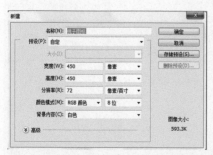

图3-31

图3-32

图3-33

· TIPS ·

　　在绘制草图时需要大胆表现出自己的想法，不要太注意细节，避免浪费过多时间，因为后期上色后这些线条都会被覆盖。

04 刻画草图细节。为了体现出桃子的可爱感,这里给桃子添加了眼睛和水珠,图标细节多了起来,草图也显得更为精致,如图3-34所示。

图3-34

○ **TIPS** ○

　　如果草图图标中的表情一次绘制不到位,可以单独新建一个图层来进行绘制,以免破坏草图中其他已经画好的部分。

06 绘制出桃子的体积关系之后,可以将其理解成一个球体来进行绘制;在绘制桃子暗部色块和表情前一定要先设定好物体的受光方向,如图3-36和图3-37所示。

图3-36

图3-37

05 为了表现出一些桃子的青涩感,这里用黄绿色为桃子做铺底色,叶子部分用绿色上色,树枝部分用褐色上色,如图3-35所示。

图3-35

○ **TIPS** ○

　　在上色前,可将线稿颜色修改为黑色,将图标背景色修改为灰色,让桃子轮廓和形状更加清晰,效果也更突出一些。

07 丰富桃子的体积效果,让桃子显得更立体;绘制前新建图层,以免绘制时出现错误后难以修改,如图3-38所示。

图3-38

08 细化桃子主体和叶子部分，丰富主体色彩，使其过渡均匀；细化前可以先把之前绘制的表情等细节图层隐藏起来，方便上色，如图3-39所示。

09 为了让图标颜色上有冷暖对比和变化，这里给桃子暗部略微加了点蓝色的反光。加反光时注意观察物体的整体色调后再进行调色与搭配，如果图标整体是偏暖色，就用冷色反光进行搭配；如果图标整体是偏冷色，则用暖色反光进行搭配，如图3-40所示。

图3-39

图3-40

TIPS

单击图层前面的眼睛按钮即可隐藏该图层。

TIPS

当图标主体绘制完成到 70% 以后，建议再接着画图标的其他部分，最后将整体进行对比，这样绘制出来的图标整体效果会更好。

10 新建图层，给桃子添加上水滴效果，让桃子呈现出一种晶莹剔透的新鲜感。在画水滴时大家可以将水滴理解为一个透明的椭圆形球体，同时注意受光、反射及投影部分的处理，如图3-41和图3-42所示。

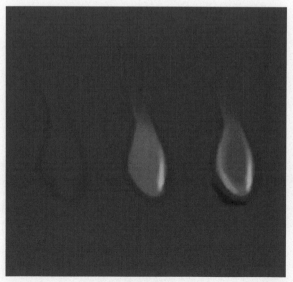

图3-41

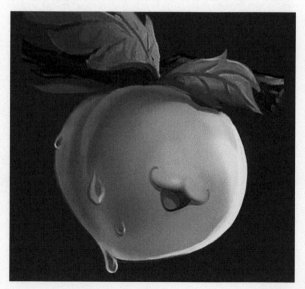

图3-42

11　新建图层，加强桃子的反光部分的刻画，让桃子看上去更加立体，颜色过渡也更加柔和、自然；同时注意叶片局部细节的处理，以及纹理和受光部位的厚度表现，如图3-43~图3-45所示。

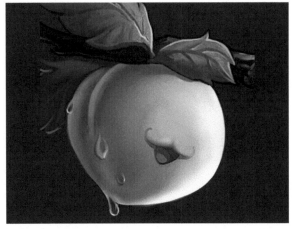

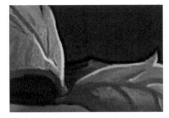

图3-43　　　　　　　　　　图3-44　　　　　　　　　　　　　　　　　　　　　　　　　图3-45

12　新建图层，对桃子眼睛部分进行绘制。往往眼睛是最容易凸显表情的地方，在绘制的时候一定要表现出通透感，如图3-46所示。

13　深入刻画眼睛细节，刻画时注意眼睛中的瞳孔的位置和反光、高光的表现。为了让桃子的表情显得更加可爱，这里还特意加了一些彩色反光效果，使其看上去显得更加逼真和活泼，如图3-47所示。

图3-46　　　　　　　　　　　　　　　　　　　　　　　　　　　　　图3-47

◦ TIPS ◦

　　图为眼珠局部特写效果，绘制时注意尽量不要将其受光部分绘制成纯白色，避免太过生硬。

14　新建图层，为了让桃子表情更加丰富，这里给桃子脸颊加了一点害羞的红晕效果，如图3-48所示。

图3-48

15 新建一个【背景】图层，选择【渐变工具】 ，单击【属性栏】中的【点按可编辑渐变】按钮，在弹出的【渐变编辑器】对话框中设置【背景】图层中的渐变颜色分别为蓝色(R:32，G:73，B:121)和黑色(R:22，G:19，B:41)，如图3-49所示。

16 单击【画笔工具】，选择【碎块抽象笔】，在背景中绘制出一些颗粒效果，让背景显得有层次和细节感，如图3-50所示。

◖ **TIPS** ◗

使用有喷溅效果的笔刷还可以快速绘制出图 3-50 中所示效果。

图3-49

图3-50

17 将之前做好的背景置入到图标当中，这时发现之前绘制好的桃子图标有些偏黄，于是用了一个叠加图层来进行调整。新建图层，在上面使用笔刷绘制出一层青色（R:64 G:152 B:126），然后将图层属性调整为【叠加】，如图3-51和图3-52所示。

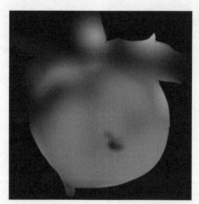

图3-51

图3-52

18 为了突出图标，这里给图标背景整体加了一个黑色的遮罩效果。单击【画笔工具】，将画笔透明度设置为80%，然后在图标周围绘制一圈黑色，如图3-53所示。

19 调整一下桃子受光部分的细节，给桃子添加眉毛，使其表情显得更加丰富和完整，最终效果如图3-54所示。

图3-53

图3-54

卷轴

案例2：卷轴

图3-55

案例综述

卷轴图标在游戏中充当的作用通常是传送信息或鉴定装备等，在绘制此类物品图标时同样要注意突出物品的主体部分，让玩家一眼看上去就很喜欢，才有意向选择获取或购买，如图3-55所示。

设计要求

绘制一个物品图标，要求为一个卷轴。

可以自行设计一些装饰，让卷轴看上去显得精美。

最终游戏项目运用的图标实际尺寸大小为100像素×100像素。绘制时需按原始图标尺寸的2~3倍大小进行绘制。

配色方案

| fbebbf | b07746 | 5f2f1f | bc2929 | 951a1a |

图标绘制步骤

01 启动Photoshop，按Ctrl+N快捷键，新建一个文档，设置【宽度和高度】为450像素×450像素，设置【分辨率】为72像素/英寸，设置【背景色】为白色，设置【颜色模式】为RGB颜色、8位，单击【确定】按钮，创建完毕，如图3-56所示。

02 按Alt+Delete快捷键，将【背景图层】填充为黑色；然后新建图层，将图层命名为【草图】，如图3-57所示。

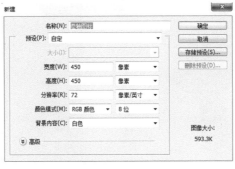

图3-56

图3-57

03 在脑海中构思一个卷轴的草图，把卷轴想象成一个圆柱体；使用【钢笔工具】，快速将卷轴形状在画布中绘制出来，如图3-58所示。

04 为卷轴添加一些细节效果，添加时注意卷轴的透视结构与关系，如图3-59所示。

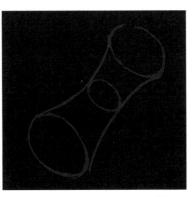

图3-58

图3-59

05 给卷轴增加一些丝带缠绕效果和残缺边缘效果，并对卷轴整体做一些修改和调整，如图3-60所示。

06 新建图层，将卷轴整体色调设定为黄色，并使用【画笔工具】分层绘制出卷轴的大色块，绘制的时候注意卷轴整体的色彩，以及光影关系的处理，如图3-61所示。

07 继续对卷轴进行色块细节的刻画，使其颜色过渡更加均匀；然后使用颜色叠加的方式加强卷轴整体的明暗关系，使其颜色显得更加鲜艳和逼真，如图3-62所示。

图3-60

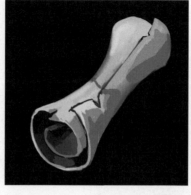
图3-61

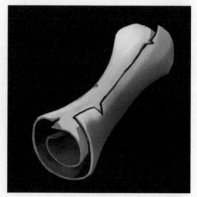
图3-62

08 绘制出卷轴上的绳子和印泥部分，绘制时注意区分出绳子多个层次的光影关系，并做一些高光效果以加强卷轴整体的立体感，如图3-63和图3-64所示。

图3-63

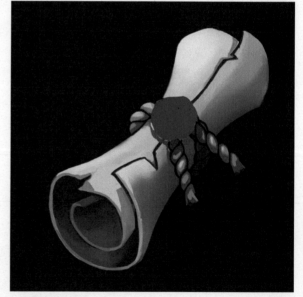
图3-64

TIPS

绘制到这一步，当发现图层很多时，可以点选图层，然后单击【创建新组】按钮（快捷键为Ctrl+G）进行建组管理。在平时绘制图标时也要注意养成将图层建组管理的好习惯，方便查找图层。

| | | 火漆印 |
| 绳子 |
| 卷轴 |
| 草稿 |

09 深入刻画卷轴上面的印泥细节部分，绘制时注意其层次和体积感的表现，如图3-65和图3-66所示。

 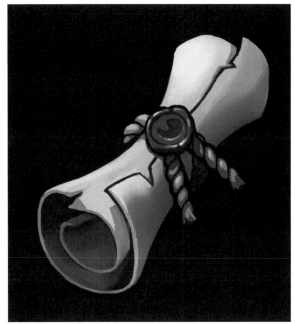

图3-65   图3-66

10 调整卷轴整体，并给卷轴添加蓝色的反光，让卷轴图标有明显的冷暖色的变化，使之更加立体，如图3-67所示。

11 按上一个案例同样的方法给卷轴加上一个背景，同时给背景四周加上一个黑色遮罩效果，最终效果如图3-68所示。

 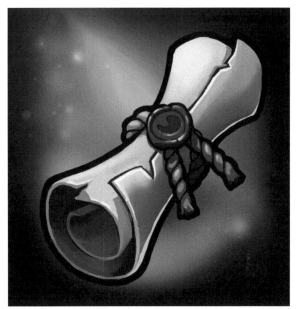

图3-67   图3-68

3.3.2 装备图标

装备图标是游戏中的常见图标，也是玩家最感兴趣的图标之一，如图3-69和图3-70所示。因为游戏中人物等级的提高和攻击力的提高都是伴随着装备升级而完成的。

装备图标的两大特点如下。

⊙ 主题性较为明确，包括角色的头、身、腿、脚及手等部位的装备。

⊙ 装备图标在游戏中一般都有特定的用途，一般分有等级，并选择或购买使用。

⊙ 通常游戏中的角色为100级，每10级为一个阶段，每个阶段需要设计——套装备的图标。图标的品阶分为白、绿、蓝、紫、橙，白色是最普通的，从绿色开始装备会有一些附加属性，品阶越高附加属性越多，获取难度也越大。

图3-69

图3-70

木盾

案例1：木盾

案例综述

木盾在游戏中是常出现的一种装备，经常在一些格斗游戏中出现。绘制这类装备图标时同样要注意突出物品主体，以及材质的变化和区分。因为装备图标一般会涉及很多材质，大家在绘制的时候要注意多练习不同材质的使用和表现，如图3-71所示。

设计要求

绘制一个装备的图标，要求是一个木盾。

可添加其他装饰，但注意这个木盾是属于游戏中的初级装备。

最终游戏项目运用的图标实际尺寸大小为100像素×100像素，绘制时需按原始图标尺寸的2~3倍大小进行绘制。

配色方案

图3-71   e4e8d5   b9ab97   d07d2d   7d3414   d1253a

图标绘制步骤

01 启动Photoshop，按Ctrl+N快捷键，新建一个文档，设置【宽度和高度】为450像素×450像素，设置【分辨率】

为72像素/英寸，设置【背景色】为白色，设置【颜色模式】为RGB颜色、8位，单击【确定】按钮，创建完毕，如图3-72所示。

02 按Alt+Delete快捷键，将【背景图层】填充为黑色；然后新建图层，将图层命名为【草图】，如图3-73所示。

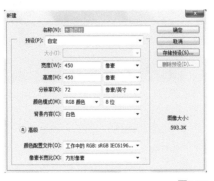

图3-72

图3-73

03 使用【钢笔工具】，在画布上快速将脑海中的创意表现出来。为了让效果显得更加丰富，这里为盾牌加入了一

些折断的箭矢效果；同时，在绘制草图时注意把图标主体与细节比例关系表现出来，并注意透视关系的处理，如图3-74所示。

04 新建图层，使用【画笔工具】给绘制好的草图图标铺上大色块。铺色时注意材质区分，由于这是一个初级装备，可以将材质设定为铁皮和木头，如图3-75所示。

图3-74

图3-75

05 新建图层，在盾牌上继续刻画出木纹和金属反光等细节效果，表现出图标的质感，如图3-76所示。

图3-76

06 使用叠加方法将盾牌整体颜色调亮，并且加强盾牌上金属材质部分的反光和阴影部分的细节刻画，如图3-77所示。

图3-77

07 新建图层，绘制出盾牌中间的金属部件。绘制时同样是先大致表现出其外轮廓，再刻画出细节，如图3-78所示。

图3-78

08 继续刻画盾牌中间的金属部件的细节。因其呈圆形，金属质感的反光效果极强，所以，需要着重将金属的受光和反光表现出来，如图3-79所示。

图3-79

09 为盾牌中间的金属部件增加刀痕效果，让盾牌看上去更加逼真和有生活气息，同时质感和细节表现也更为丰富，如图3-80所示。

图3-80

10 为盾牌整体制造出一些破损效果，刻画时注意随意自然，避免生硬和刻意，如图3-81所示。

图3-81

11 给盾牌添加一些血渍效果，加强整体的故事性；然后再给木盾边缘添加一些勾边效果，让图标显得更加完整和立体，同时也更为精细，如图3-82所示。

图3-82

12 新建图层，使用【钢笔工具】在木盾上绘制出一些箭矢元素，同时添加上投影，让盾牌的故事性更强，如图3-83所示。

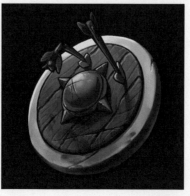

图3-83

13 按上一个案例同样的方法给木盾添加上背景，同时给背景四周加上黑色遮罩效果，最终效果如图3-84所示。

图3-84

铁剑

案例2：铁剑

案例综述

这款铁剑装备是游戏中的一个基础装备，在绘制这类图标时要注意其构图、光影及材质的变化和处理，如图3-85所示。

设计要求

绘制一个装备图标，要求是一把剑。

可添加其他装饰，但注意这把铁剑是属于游戏中的初级装备。

最终游戏项目运用的图标实际尺寸为100像素×100像素，绘制时需按原始图标尺寸的2~3倍大小进行绘制。

配色方案

图3-85　cee0e0　46656d　af8034　7c4322　195f9f

图标绘制步骤

01 启动Photoshop，按Ctrl+N快捷键，新建一个文档，设置【宽度和高度】为450像素×450像素，设置【分辨率】为72像素/英寸，设置【背景色】为白色，设置【颜色模式】为RGB颜色、8位，单击【确定】按钮，创建完毕，如图3-86所示。

图3-86

02 按Alt+Delete快捷键，将【背景图层】填充为黑色；然后新建图层，将图层命名为【草图】，如图3-87所示。

图3-87

03 使用【钢笔工具】先绘制出铁剑图标的左半部分；然后按Ctrl+J快捷键复制图层，按Ctrl+T快捷键将复制好的图层进行水平翻转；最后将两张图对齐拼接，如图3-88~图3-90所示。

> ○ **TIPS** ○
>
> 一般在绘制对称型的图标草图时，可以先绘制好图标的一半，然后复制图层再做水平翻转后进行拼接。

图3-88

图3-89

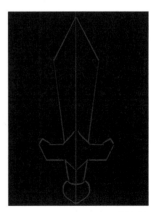

图3-90

04 给铁剑主体添加细节，草图完成，如图3-91和图3-92所示。

05 给草图上色。先铺出铁剑主体的固有色，将明暗关系简单地表现出来。铺色时注意观察整体效果，并随时做细节上的调整和修改，如图3-93所示。

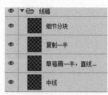

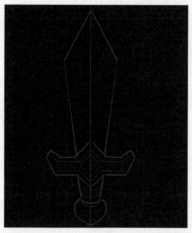

图3-91

图3-92

图3-93

06 在草图固有色的基础上增加一些颜色变化来丰富主体，增加铁剑的立体感；同时可以在剑柄处加入一些摩擦纹路效果，让细节显得更丰富一些，如图3-94和图3-95所示。

> **TIPS**
>
> 在游戏图标绘制中剑柄的表现一般为增加摩擦纹理效果或者带布条缠绕效果，这样是为了模拟现实中在剑柄处增加摩擦纹理或者缠绕布带来增加手与剑柄的摩擦力，避免攻击的时候打滑。

图3-94

图3-95

07 将剑刃上的金属质感表现出来。建立【图层蒙版】，并使用色彩叠加方式给剑刃增加渐变，如图3-96所示。

08 新建图层，为剑刃增加一些高光效果，让整体显得更加立体，同时也表现出其厚重感，如图3-97和图3-98所示。

图3-96

图3-97

图3-98

09 使用【钢笔工具】绘制出一颗宝石，并添加光影效果后，叠加在剑柄处作为装饰，给铁剑增加一些质感，如图3-99~图3-101所示。

10 给剑柄增加一些裂痕细节与效果，增加铁剑的故事感，同时也增加铁剑的厚重感，如图3-102所示。

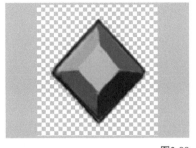

图3-99

图3-100

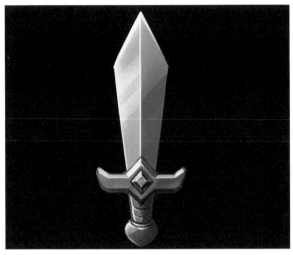

图3-101

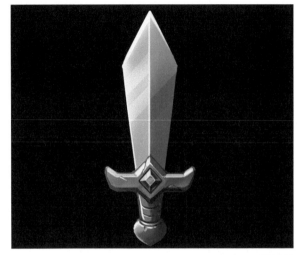

图3-102

11 给铁剑整体添加一些勾边和冷色的反光效果。绘制完成后，使用Ctrl+T快捷键将铁剑旋转呈45°倾斜，使其在构图上显得更加饱满，如图3-103所示。

12 按之前案例同样的方法给铁剑添加背景，同时给背景四周加上黑色遮罩效果，最终效果如图3-104所示。

图3-103

图3-104

3.3.3 技能图标

技能图标是游戏中战斗界面的常见图标，一般分为主动技能图标和被动技能图标两种，如图3-105和图3-106所示。在绘制技能图标前，游戏策划师通常会给UI设计师提供一些技能特效的动画或视频作为参考。当然，某些时候也会出现没做好游戏特效就先让设计师画图标的情况，但是这样往往会因为图标效果和实际游戏中的特效存在一定差距而造成后期返工率较高。因此，在绘制这类图标前，一定要注意和策划人员进行充分沟通，保证图标与实际运用的游戏项目中的特效和人物技能展示相互匹配，这样玩家的用户体验才会更好，认可度也才会高。

技能图标主要具备以下两个特点。

⊙ 主题性较为明确，有鲜明的颜色区分，其中主要包括红色、黄色、蓝色、绿色和紫色等。

⊙ 技能图标一般和游戏特效相关联，分为主动技能和被动技能两种。

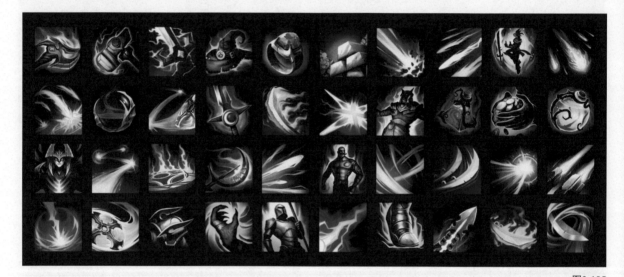

图3-105

图3-106

法阵 案例1：法阵

案例综述

这里我们绘制的法阵图标属于一个主动技能图标，并且是纯特效技能图标。在绘制这类图标时候要特别注意其特效与实际游戏项目中的人物技能展示要相互匹配，让玩家可以有比较好的用户体验，如图3-107所示。

设计要求

绘制一个法师的主动技能图标，整体颜色要求为紫色。

具体表现为法师从地面召唤一个法力圆圈，然后一些喷溅散射的火焰出现在旁边。

最终游戏项目运用的图标实际尺寸为100像素×100像素，绘制时需按原始图标尺寸的2~3倍大小进行绘制。

配色方案

| fdfffe | f25ff9 | dd13d6 | 720485 | 190340 |

图3-107

图标绘制步骤

01 启动Photoshop，按Ctrl+N快捷键，新建一个文档，设置【宽度和高度】为450像素×450像素，设置【分辨率】为72像素/英寸，设置【背景色】为白色，设置【颜色模式】为RGB颜色、8位，单击【确定】按钮，创建完毕，如图3-108所示。

02 按Alt+Delete快捷键，将【背景图层】填充为黑色；然后新建图层，将图层命名为【草图】，如图3-109所示。

图3-108

图3-109

03 使用【钢笔工具】，在画布中快速将脑海中的创意表现出来，不必纠结一些细节，也不要在这个环节浪费过多的时间，如图3-110所示。

04 新建图层，然后使用Photoshop软件默认的喷枪笔刷对草图进行细化和调整，如图3-111所示。

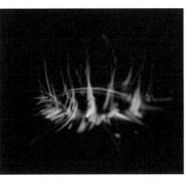

图3-110

图3-111

05 完善草图细节，并注意整体的光影关系。这个法阵需要突出和强调召唤的感觉，光需要从光环往四周发散开来，让整个图标的光影效果表现出来后显得更为逼真，如图3-112所示。

06 绘制出火焰的大致形体，并使用【涂抹工具】添加火焰的细节，让火焰看上去更加柔和和自然，如图3-113所示。

07 用笔刷绘制出一些交叉的长火苗及火光，使其效果更加丰富，画面更加饱满，如图3-114~图3-117所示。在绘制一些比较清晰的笔触效果时可以用"尖角19像素"笔刷，这样绘制出的火焰会显得更加精细和硬朗。

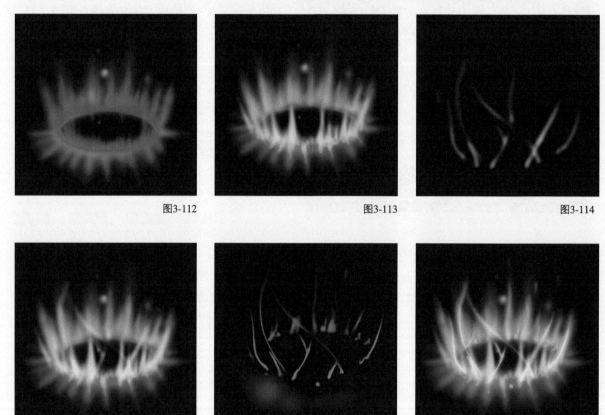

图3-112　　　　　　　　　　图3-113　　　　　　　　　　图3-114

图3-115　　　　　　　　　　图3-116　　　　　　　　　　图3-117

08 使用 ● ～～～　尖角 19 像素 笔刷绘制出一些长火苗效果和周围火光，来丰富细节，如图3-118和图3-119所示。

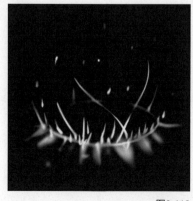

图3-118　　　　　　　　　　图3-119

09 给火焰添加一圈柔光效果，使气氛显得更加浓烈，如图3-120和图3-121所示。

10 新建图层，并设置图层的【混合模式】为【叠加】，然后选择紫色为法阵进行渲染上色，如图3-122所示。

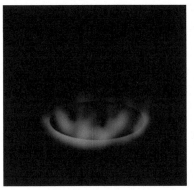
图3-120

图3-121

图3-122

• TIPS •

使用图层混合模式来上色的好处是不会破坏下面已经画好的黑白光影效果，而且颜色可以调整，方便修改。

11 新建图层，同样设置图层【混合模式】为【叠加】，设置图层【不透明度】为67%；然后绘制一些蓝色的光芒效果在法阵周围，来烘托整个氛围，如图3-123所示。

12 在火焰周围添加一些渐变效果，避免整体图标黑色太多，而显得过于生硬。使用【画笔工具】，将画笔颜色填充为蓝紫色，然后在火焰的四周轻轻涂抹和晕染，如图3-123所示。

图3-123

图3-124

⓭ 为了让图标显得更加精致，选择之前绘制所包含的所有图层，并执行【滤镜】→锐化→【USM锐化】菜单命令，在弹出的【USM 锐化】对话框中设置【数量】为50%、【半径】为1.0像素、【阈值】为0色阶，最终得出图3-125~图3-127所示的效果。

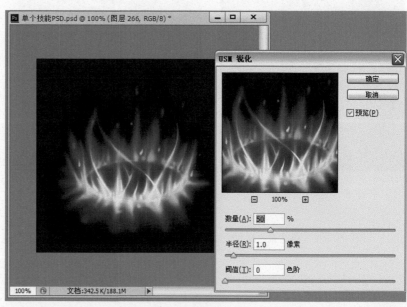

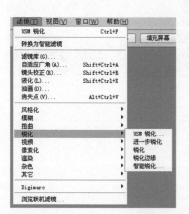

图3-125

图3-126

图3-127

中靶 案例2：中靶

图3-128

案例综述

这个图标和之前的案例图标有所不同，这是一个被动技能图标，也属实物图标。在绘制这类图标时同样要特别注意其特效与实际游戏项目中的人物技能展示要相互匹配，让玩家可以有比较好的用户体验，如图3-128所示。

设计要求

绘制一个弓箭手的被动技能图标，整体颜色为暖色。

具体表现为一支箭射到一个箭靶上，并突出力量感和速度感。

最终游戏项目运用的图标实际尺寸为100像素×100像素，绘制时需按原始图标尺寸的2~3倍大小进行绘制。

配色方案

| c6bac0 | 797795 | ba0d08 | 730703 | 693610 |

图标绘制步骤

01 启动Photoshop，按Ctrl+N快捷键，新建一个文档，设置【宽度和高度】为450像素×450像素，设置【分辨率】为72像素/英寸，设置【背景色】为白色，设置【颜色模式】为RGB颜色、8位，单击【确定】按钮，创建完毕，如图3-129所示。

02 填充【背景】图层为黑色；然后新建一个【草图】图层，并快速将脑海中的创意在【草图】图层中勾勒出来，如图3-130所示。

03 新建一个【色彩基调】图层，使用【钢笔工具】绘制出图标的基础色调，如图3-131所示。

图3-129

图3-130

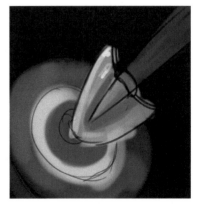

图3-131

04 关闭除【背景】图层以外的图层，新建一个【圆】图层，用【椭圆选框工具】⭕绘制一个圆形选区，并填充圆形颜色为红色（R:200，G:10，B:0），如图3-132所示。

05 按Ctrl+J快捷键复制【圆】图层，并将复制后的图层命名为【圆环1】，同时关闭掉之前的【圆】图层；再次按Ctrl+J快捷键将【圆环1】图层复制一层，并将复制后的图层命名为【缩小】；接着按Ctrl+T快捷键，将图形等比缩小到80%，按住Ctrl键单击【缩小】图层中的图形，载入选区；最后选择【圆环1】图层，按Delete键删除选区内的图像，同时删除【缩小】图层，得到图3-133所示的效果。

图3-132

图3-133

06 按Ctrl+J快捷键，再次将【圆】图层复制一层，并将复制后的图层命名为【圆环2】，同时关闭【圆】图层；按Ctrl+T快捷键，将【圆环2】中的图形等比缩小到60%，然后继续将【圆】图层复制一层，并将复制后的命名为【缩小1】，并按Ctrl+T快捷键，将【缩小1】图层中的图形等比缩小到40%，按住Ctrl键单击【缩小】图层中的缩览图，载入该图层的选区，选择【圆环2】图层，按Delete键删除选区内的图像，并删除【缩小1】图层，得到如图3-134和图3-135所示的效果。

07 按Ctrl+J快捷键将【圆】图层复制一层，并将复制后的图层命名为【小圆】，同时关闭【圆】图层，按Ctrl+T快捷键将图形等比例缩小到20%，最终得到一个靶心图形效果，如图3-136所示。

图3-134

图3-135

图3-136

08 同时选中【环1】、【环2】和【小圆】图层，按Ctrl+E快捷键，将其合并为一个图层，并将合并成的图层命名为【环】；选择【圆】图层，在图层面板上方单击【锁定透明像素】按钮▣，设置前景色为米白色（R:241，G:219，B:172），并按Alt+Delete快捷键后填充该图层，效果如图3-137所示。

09 选择【环】图层，单击图层面板下方的【添加图层样式】按钮 *fx.*，在弹出的对话框中选择【内阴影】选项，将内阴影颜色设置为红色（R:246，G:54，B:44），其他参数设置如图3-138所示；选择【投影】选项，切换到相应的对话框，将投影颜色设置为赭石色（R:246，G:54，B:44），其他参数设置如图3-139所示。

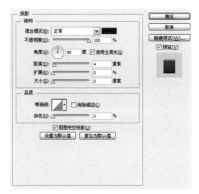

图3-137 图3-138 图3-139

10 选择【渐变叠加】复选框，将渐变叠加颜色分别设置为土黄色（R:118，G:154，B:80）和白色（R:255，G:255，B:255），其他参数设置如图3-140所示；然后单击▉▉▉▉按钮，在弹出的【渐变编辑器】窗口中调整渐变颜色，如图3-141所示；制作好图层样式，得到图3-142所示的效果。

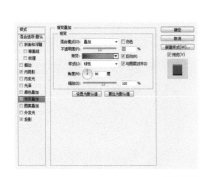

图3-140 图3-141 图3-142

11 选择【圆】图层，并单击图层面板下方的【添加图层样式】按钮 **fx.**，在弹出的对话框中选择【渐变叠加】复选框，将渐变叠加颜色分别设置为土黄色（R:118，G:154，B:80）和白色（R:255，G:255，B:255），其他参数设置如图3-143~图3-145所示。

图3-143 图3-144 图3-145

12 同时选择【环】和【圆】图层，按Ctrl+E快捷键，将其合并为一个图层，并将图层命名为【箭靶】，然后按Ctrl+T快捷键，对图层中的图形做自由变换，调整箭靶的透视关系，如图3-146所示。

13 新建一个【厚度】图层，单击图层面板下方的【添加图层样式】按钮 *fx*，在弹出的对话框中选择【描边】命令，并将描边颜色设置为黑色（R:37, G:11, B:10），其他参数设置如图3-147所示；制作出图层样式，得到图3-148所示的效果。

图3-146

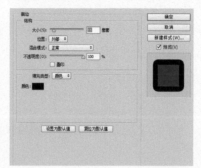
图3-147

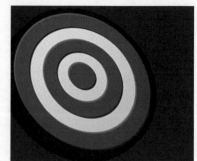
图3-148

14 打开【色彩基调】图层，将透明度调整为50%；然后选择【箭靶】和【厚度】图层，按Ctrl+E快捷键，将其合并为一个图层，并将图层统一再次命名为【箭靶】；接着按Ctrl+T快捷键，对图层做自由变换处理，调整好箭靶在画面中的位置，然后绘制出箭矢射入箭靶时的裂痕和投影等细节，如图3-149和图3-150所示。

15 新建一个【箭矢】图层，然后绘制出箭矢的固有色，绘制时注意区分出金属和木头的质感，绘制好箭矢的大致轮廓后关闭【色彩基调】图层，如图3-151所示。

图3-149

图3-150

图3-151

16 深入绘制出箭矢的细节，表现出箭矢的金属材质，增加箭头的厚度与高光，还有整体的体积感，如图3-152所示。

17 新建一个【裂痕】图层，为箭靶绘制出一些裂痕效果，来增加箭矢的力度感，使图标整体从视觉上更加具有冲击力，如图3-153所示。

图3-152

图3-153

◦ TIPS ◦

　　刻画箭靶上的裂痕细节时注意刻画出裂纹的受光和投影效果，让裂痕显得更加真实。

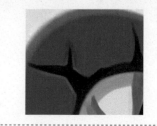

18 为了烘托气氛，新建一个【气氛】图层，并将图层颜色填充为黑色（R:20，G:20，B:20）；然后单击图层面板下方的【添加图层蒙版】按钮 回，将蒙版中间擦除并设置图层的【不透明度】为35%，如图3-154所示。

19 新建一个【反光】图层，然后给箭矢绘制一些蓝色（R:0，G:182，B:287）反光，使其体积感更为强烈一些，如图3-155所示。

图3-154

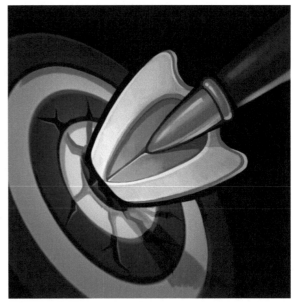

图3-155

20 为了增加图标在游戏中的技能感，这里为箭矢绘制一些特效。新建一个【特效素材】图层；使用【套索工具】 ☿.绘制一个尖锐的多边形选区；将选区渐变颜色填充为黄色（R:255，G:227，B:9）和白色（R:255，G:254，B:200）之后；选择【特效素材】图层，并单击图层面板下方的【添加图层样式】按钮 fx.，在弹出的对话框中选择【外发光】选项，并将发光影颜色设置为红色（R:217，G:32，B:22），其他参数设置如图3-156所示。

21 使用【涂抹工具】 ☿.，将【流量】设置为30%，然后在【特效素材】图层上、下两端涂抹出一些光效，如图3-157所示。

图3-156

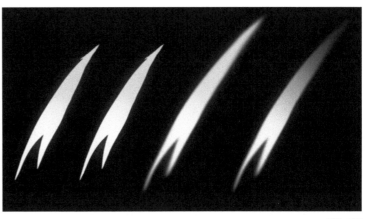

图3-157

22 按住Alt键复制出多个【特效素材】图层，并将其缩放和移动到画面中的相应位置；然后按Ctrl+E快捷键，将其合并为一个图层，并将合并后的图层命名为【特效】；最后选择【特效】图层，单击设置图层【混合模式】为【强光】，如图3-158和图3-159所示。

图3-158

23 新建一个【暖色】图层，绘制出一些暖色色块，让光效看起来更加炫酷；然后单击设置图层【混合模式】为【叠加】；接着新建一个【冷色】图层，绘制出一些冷色色块，加强箭矢金属反光种的冷色效果，并单击设置图层【混合模式】为【颜色减淡】，如图3-160和图3-161所示。

图3-160

图3-159

图3-161

24 新建一个【遮罩】图层，在图标周围增加一层黑色的遮罩效果，让图标看上去更酷，最终效果如图3-162所示。

TIPS

在添加黑色遮罩效果时，注意颜色要自然，避免太深，让画面显得太过失真；同时也避免颜色太浅，否则，效果也达不到。

图3-162

3.3.4 系统图标

系统图标通常出现在主界面中，如图3-163~图3-165所示，其特点如下。

⊙ 主题性较为明确，如角色图标、背包图标、技能图标、竞技场图标和商城图标等。

⊙ 其包括UI界面常用的一些资源类图标，如金钱图标、钻石图标、荣誉图标及体能补充图标等。

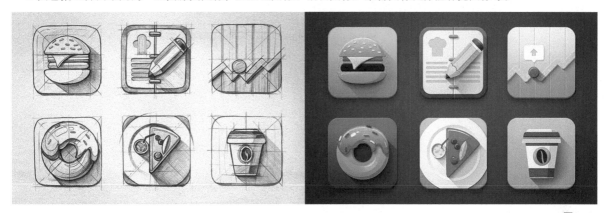

图3-163

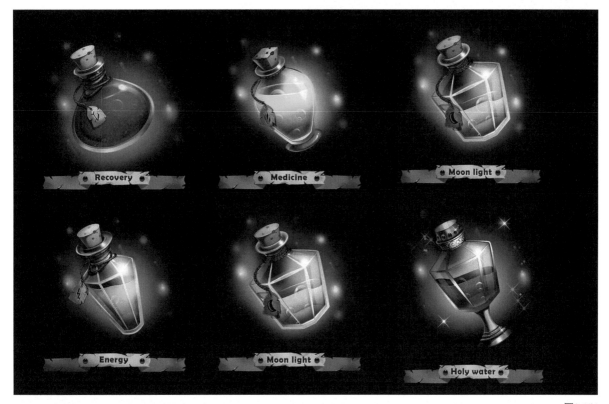

图3-164

图3-165

金币

案例1：金币

案例综述

系统图标是整个游戏中最重要的图标，因为系统图标出现在玩家视野中的次数是最多的，几乎在所有界面都能看到，如图3-166所示。所以，绘制这类图标尽量保证图标有很强的概括性和通用性，不能让玩家感觉难以识别。

设计要求

绘制一个系统图标，主题要求为金币。

绘制时需要突出金币质感。

最终游戏项目运用的图标实际尺寸为100像素×100像素，绘制时需按原始图标尺寸的2~3倍大小进行绘制。

配色方案

| f9e4ad | e9c34b | d76f1f | 77250e | 457a93 |

图3-166

图标绘制步骤

01 启动Photoshop，按Ctrl+N快捷键，新建一个文档，设置【宽度和高度】为450像素×450像素，设置【分辨率】为72像素/英寸，设置【背景色】为白色，设置【颜色模式】为RGB颜色、8位，单击【确定】按钮，创建完毕，如图3-167所示。

02 填充【背景】图层颜色为黑色，然后新建一个【草图】图层，并将脑海中对金币的构思快速表现出来，如图3-168所示。

图3-167

图3-168

03 新建图层，选择【椭圆】工具 ⬭，绘制出金币的基本外形，将图层命名为【椭圆】，双击图层缩略图后，在弹出的对话框中将图形颜色填充为为黄色（R:241，G:171，B:50），如图3-169所示；然后单击【椭圆】图层面板下方的【添加图层样式】按钮 fx.，在弹出的对话框中选择【内发光】复选框，将内发光颜色设置为黄色（R:255，G:255，B:190），其他参数设置如图3-170所示；将图层样式制作好后，得出图3-171所示的效果。

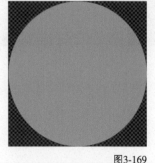

图3-169

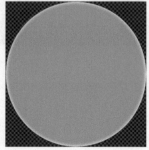

图3-170

图3-171

04 按Ctrl+J快捷键，将【椭圆】图层复制一层，并将复制后的图层命名为【椭圆1】；然后双击【椭圆1】图层，将图形颜色填充色为深黄色（R:208，G:129，B:36），同时按Ctrl+T快捷键，将图形做等比例缩小到84%，如图3-172所示。接着单击【椭圆1】图层面板下方的【添加图层样式】按钮 fx，在弹出的对话框中选择【渐变叠加】复选框，在弹出的对话框中将色标颜色设置为褐色（R:169，G:94，B:27），其他参数设置如图3-173所示；选择【外发光】选项，切换到相应的对话框，将外发光颜色设置为黄色（R:255，G:255，B:190），其他参数设置如图3-174所示；将图层样式制作好后，得到图3-175所示的效果。

图3-172

图3-173

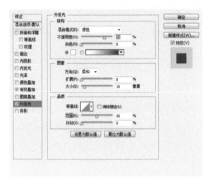

图3-174

图3-175

05 将【椭圆1】复制出一层，并将复制出的图层命名为【椭圆2】；然后按Ctrl+T快捷键，将图层中的图形做等比例缩小到78%，如图3-176所示；接着单击【椭圆2】图层面板下方的【添加图层样式】按钮 fx，在弹出的对话框中选择【内发光】复选框，并将内发光颜色设置为黄色（R:255，G:255，B:190），其他参数设置如图3-177所示；制作好图层样式后，得到图3-178所示的效果。

图3-176

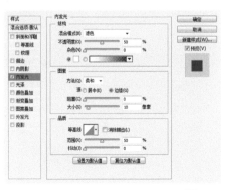

图3-177

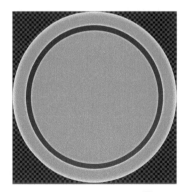

图3-178

06 选择【多边形工具】 ⬡，在属性栏中设置【边数】为10；然后绘制出一个十边形，并将图层命名为【五角星】；最后双击其图层缩略图，在弹出的对话框中将图形颜色填充色为黄色（R:247，G:187，B:81），如图3-179所示。

07 使用【直接选择工具】 ▷，并同时按住Shift键选中【五角星】图层中图形中互不相邻的5个点，按Ctrl+T快捷键，将选中锚点做等比例缩小到50%，如图3-180~图3-182所示。

W: 50% | H: 50.00%

图3-181

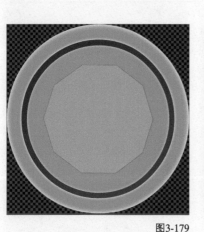

图3-179

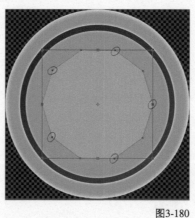

图3-180

图3-182

08 选择【五角星】图层，按Ctrl+T快捷键，将图形旋转至15°；然后单击【五角星】图层面板下方的【添加图层样式】按钮 _fx_，在弹出的对话框中选择【内阴影】命令，将内阴影颜色设为黄色（R:245，G:219，B:141），其他参数设置如图3-183所示；接着选择【内发光】复选框，将内发光颜色设为黄色（R:255，G:255，B:190），其他参数设置如图3-184所示；选择【投影】复选框，将投影颜色设为褐色（R:152，G:79，B:22），其他参数设置如图3-185所示；制作好图层样式后，得到图3-186所示的效果。

09 新建图层，绘制五角星在画面中的阴影细节，让五角星更加有厚度感，如图3-187和图3-188所示。

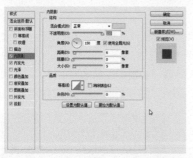

图3-183

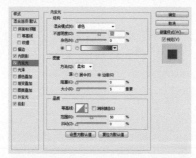

图3-184

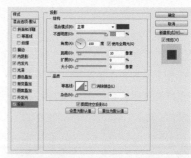

图3-185

图3-186

图3-187

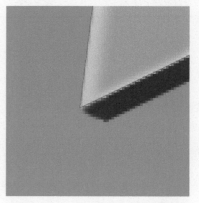

图3-188

10 选择除背景图层外的所有图层，按Ctrl+E快捷键，将其合并为一个图层，并将合并后的图层命名为【金币】；然后单击【创建新组】按钮 ▢，并创建一个【金币】组，最后将【金币】图层置入【图标】组，如图3-189所示。

11 选择【金币】组，单击图层面板下方的【添加图层样式】按钮 **fx.**，在弹出的对话框中选择【描边】复选框，并将色标颜色设为深褐色（R:42，G:10，B:11），其他参数设置如图3-190所示。

12 按Ctrl+T快捷键，对图形整体做自由变换处理，调整好金币的透视关系，如图3-191所示。

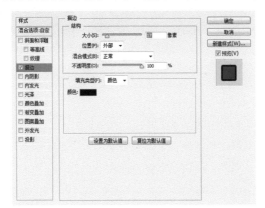

图3-189

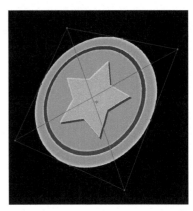

图3-190

图3-191

13 新建一个【高光】图层，设置图层【混合模式】为【叠加】，并用黄色（R:255，G:255，B:190）绘制出金币外圈的高光；然后新建一个【高光2】图层，用黄色（R:255，G:255，B:190）绘制出金币五角星的高光过渡效果，如图3-192所示。

14 新建一个【破损】图层，为金币绘制出一些破损的细节效果，增强金币的使用痕迹，增强金币的真实感，如图3-193所示。

图3-192

图3-193

15 新建一个【厚度】图层，按住Ctrl键单击【金币】的缩览图，并载入该图层的选区，然后填充图形颜色为褐色（R:104，G:46，B:13），并选择【厚度】图层，将其移动到画面中合适的位置，如图3-194和图3-195所示。

图3-194

图3-195

16 新建一个【修行】图层，对金币厚度和细节进行补充与绘制，让其厚度过渡得更加自然，如图3-196~图3-198所示。

图3-196 　　　　　图3-197 　　　　　图3-198

17 新建一个【金属反光】图层，按Alt+Ctrl+G快捷键，创建剪贴蒙版，并使用【喷枪柔边圆 45】笔刷绘制出金属的光泽感，如图3-199和图3-200所示。

18 新建一个【反光】图层，按Alt+Ctrl+G快捷键，创建剪贴蒙版，使用蓝色（R:51，G:148，B:155）绘制出金币的冷色反光，如图3-201和图3-202所示。

图3-199

图3-200 　　　　　图3-201 　　　　　图3-202

19 新建一个【加深颜色】图层，使用【椭圆选框工具】○绘制一个椭圆形选区，并填充图层颜色为咖啡色（R:81，G:72，B:45）；然后选择【加深颜色】图层，按Alt+Ctrl+G快捷键，创建剪贴蒙版，并设置图层【混合模式】为【叠加】，如图3-203所示。

20 新建一个【颜色调整】图层，按Alt+Ctrl+G快捷键，创建剪贴蒙版，并将图层填充为黄色（R:251，G:229，B:164），作为金币内沿的光感；然后新建一个【颜色调整2】图层，按Alt+Ctrl+G快捷键，创建剪贴蒙版，并使用米白色（R:228，G:214，B:186）和紫色（R:164，G:78，B:157）绘制出一些色块来强调金币的颜色和光影效果；最后选择【颜色调整】图层，并设置图层的【混合模式】为【叠加】，如图3-204和图3-205所示。

 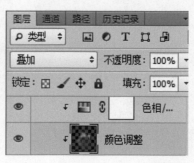 

图3-203 　　　　　图3-204 　　　　　图3-205

21 单击图层面板下方的【创建新的填充或调整图层】按钮 ，在弹出的对话框中选择【色相/饱和度】，其他参数设置如图3-206和图3-207所示。

图3-206

图3-207

22 按照之前案例制作背景的方法为金币图标添加背景，完成绘制，如图3-208所示。

图3-208

药瓶

案例2：药瓶

图3-209

案例综述

药瓶同样是系统中常见的图标，这类药瓶图标在游戏中常用于治疗伤者或者药店按钮。在绘制时一定要注意药瓶整体的材质表现、玻璃的高透明度和反射性表现，以及木塞子粗糙质感的表现，如图3-209所示。

设计要求

绘制一个系统图标，主题要求为法力瓶。

可自行设计药瓶造型，整体色调设定为蓝色，注意突出质感。

最终游戏项目运用的图标实际尺寸大小为100像素×100像素，绘制时需按原始图标尺寸的2~3倍大小进行绘制。

配色方案

41e3d5	3551b3	83b3b1	596985	b78732

图标绘制步骤

01 启动Photoshop，按Ctrl+N快捷键，新建一个文档，设置【宽度和高度】为450像素×450像素，设置【分辨率】为72像素/英寸，设置【背景色】为白色，设置【颜色模式】为RGB颜色、8位，单击【确定】按钮，创建完毕，如图3-210所示。

02 将【背景】图层颜色填充为深灰色（R:57，G:57，B:57），然后新建一个【草图】图层，在图层中绘制出辅助线，定下瓶口、瓶身所在位置，如图3-211所示。

03 根据参考线绘制出草图。由于这个药品图标为对称型物体，绘制时可以先详细画好其右半部分，然后使用【矩形选框工具】选中左边部分的图案，并按Delete键进行删除，如图3-212和图3-213所示。

图3-210

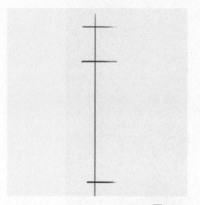

图3-211

图3-212

图3-213

04 按Ctrl+J快捷键，将【草图】图层复制一层，单击菜单，执行【图像】→【图像旋转】→【水平翻转画布】命令，将两个图层对齐后合并为一个图层，并将图层名字命名为【草图】；最后按Ctrl+T快捷键，将药瓶旋转45°后，再对图案形状进行一些调试与修改，如图3-214~图3-216所示。

图3-214   图3-215   图3-216

05 新建一个【基本色】图层，使用亮蓝色（R:31，G:190，B:210）、紫色（R:114，G:118，B:148）和黄色（R:199，G:140，B:53）绘制出图标的基础色调，如图3-217所示。

06 绘制出液体和瓶子的体积关系。这里可以将瓶子理解成一个球体来进行绘制，绘制时注意图案整体的明暗关系处理，如图3-218所示。

图3-217   3-218

07 选择【草图】图层，使用【橡皮擦工具】✐对不需要的线条进行清理。此时发现瓶子与液体的倾斜角度不是很好，需要进行调整。首先选择除【背景】图层外的所有图层，并按Ctrl+T快捷键，将瓶子进行适当旋转；然后选择【基本色】图层，重新绘制出液体在瓶子中的盛放状态，表现出药品的体积关系，并补充和绘制出瓶塞的细节，如图3-219和图3-220所示。

> **▶ TIPS ◀**
>
> 在绘制这种色彩较多的图案时，大家可以把常用的物体固有颜色涂抹出来放置在画布一旁，这样在具体绘制时可以直接吸取已经调好的颜色，提高工作效率。

图3-219   图3-220

08 选择【基本色】图层，对液体和瓶子的颜色做进一步修改，使图标整体颜色看起来更加和谐，如图3-221所示。

09 新建一个【勾边】图层，使用深褐色（R:45，G:14，B:15）绘制出瓶子的描边效果；绘制完成后关闭【草图】图层，并注意将【勾边】图层置于所有图层最上方，如图3-222所示。

图3-221   图3-222

10 新建一个【气泡】图层，使用【椭圆选框工具】○.绘制一个圆形选区，并将图层填充为蓝色（R:55，G:180，B:195），然后使用青色（R:44，G:188，B:156）绘制出气泡的高光和反光部分，如图3-223所示。

11 按住Alt键复制出多个【气泡】图层，并将各图层做不同程度的等比例缩小后移动到药瓶中合适的位置；然后按Ctrl+J快捷键，将【气泡】图层再复制出一层，执行【滤镜】→【模糊】→【高斯模糊】菜单命令，在弹出的【高斯模糊】对话框中设置【半径】为10.0像素，如图3-224所示。

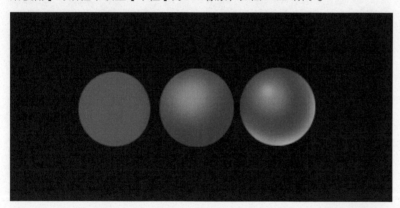

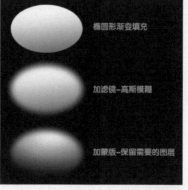

图3-223   图3-224

12 新建一个【受光】图层，使用【椭圆选框工具】○.绘制一个圆形选区；然后选择【渐变工具】■，在属性栏中单击【点按可编辑渐变】按钮，在弹出的【渐变编辑器】对话框中设置色标颜色为灰色（R:150，G:150，B:150）和白色（R:255，G:255，B:255），并执行【滤镜】→【模糊】→【高斯模糊】菜单命令，同时在弹出的【高斯模糊】对话框中设置【半径】为10.0像素；最后选择【受光】图层，设置图层【混合模式】为【叠加】，设置图层【不透明度】为65%，如图3-225和图3-226所示。

椭圆形渐变填充

加滤镜-高斯模糊

加蒙版-保留需要的图层

图3-225   图3-226

13 新建一个【玻璃反光】图层，使用【椭圆选框工具】绘制出一个椭圆形的选区；然后按住Alt键复制一层后减去选区并填充图层颜色为白色（R:255，G:255，B:255），并设置图层【混合模式】为【柔光】，如图3-227所示；接着使用【橡皮擦工具】对图层边缘进行擦除，如图3-228所示。

14 新建一个【玻璃反光2】图层，并使用相同的方法绘制出瓶子右下角的反光，并设置图层【混合模式】为【叠加】，设置图层【不透明度】为26%，如图3-229所示。

图3-227　　　　　　　　　图3-228　　　　　　　　　图3-229

15 新建一个【高光】图层，使用【椭圆选框工具】绘制出一个圆形的选区后，填充图层颜色为白色（R:255，G:255，B:255），并设置图层【不透明度】为89%。，执行【滤镜】→【模糊】→【高斯模糊】菜单命令，在弹出的【高斯模糊】对话框中设置【半径】为10.0像素，如图3-230和图3-231所示。

图3-230

16 新建一个【亮光】图层，绘制出瓶塞和瓶口的光泽效果，如图3-232所示；然后新建一个【反光】图层，使用紫色（R:182，G:63，B:221）绘制出瓶身暗部的反光，使药瓶整体颜色更加丰富，如图3-233所示。

图3-231　　　　　　　　　图3-232　　　　　　　　　图3-233

17 新建一个【调色】图层，使用紫色（R:205，G:61，B:240）和蓝色（R:60，G:105，B:175）绘制出一些色块，并设置图层【混合模式】为【叠加】，设置图层【不透明度】为64%。增加图标颜色效果，突出瓶子的玻璃质感与通透性，如图3-234所示。

18 新建一个【背景】图层，使用与之前案例同样的方法为图标制作出蓝色背景，如图3-235所示。

19 新建一个【特效】图层，使用【喷枪柔边圆 45】笔刷绘制出一些绿色的圆点光效；为了拉开绿色光效和图标的层次，选择【特效】图层，添加10.0像素的高斯模糊滤镜效果，如图3-236所示。

图3-234 · · · · · · 图3-235 · · · · · · 图3-236

20 新建一个【星光】图层，使用【尖角19像素】笔刷绘制出星光的基本形状，再使用【橡皮擦工具】擦除不要的部分；然后选择【星光】图层，单击图层面板下方的【加图层样式】按钮 **fx.**，选择【外发光】命令，在弹出的对话框中将内发光颜色设置为橙色（R:216，G:98，B:26），其他参数设置如图3-237所示；最后为图层添加10.0像素的高斯模糊滤镜，光芒特效制作完成，如图3-238所示。

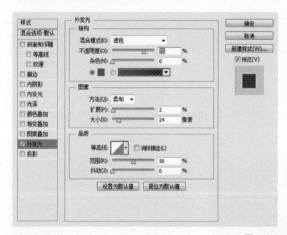

图3-237 · · · · · · 图3-238

21 单击图层面板下方的【创建新的填充或调整图层】按钮，在弹出的【属性】对话框中选择【曲线】，并做相应调整，如图3-239所示；调整完成后，得到图3-240所示的效果。

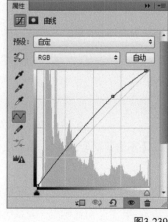

图3-239 · · · · · · 图3-240

22 新建一个【图标遮罩】图层，用黑色（R:15，G:15，B:29）在图标外围绘制出一圈遮罩效果，以突出图标的药瓶主体，最终得到图3-241所示的效果。

图3-241

3.3.5 其他图标

APP启动图标通常出现在手机应用菜单、第三方应用商城信息和一些网站的游戏排行榜信息当中，如图3-242和图3-243所示。

APP启动图标的3个特点如下。

⊙ 图标带有明显的和该游戏相关的美术元素，如一些游戏主角元素或带有游戏场景倾向的颜色等。

⊙ 从图标中玩家可以大体知道游戏的类型和游戏玩法。

⊙ 此类图标需要有很强的游戏代表性。

图3-242

图4-243

　　针对其他图标这里只做简单介绍，对于具体的制作方法这里就不做一一介绍了，希望大家通过之前介绍的方法多去练习和体会，能在做一些整体的游戏UI设计之前有一个好的基础。

04
界面大餐

- ⊙ 不同按钮图标的分类与设计
- ⊙ 几种常见的游戏界面设计

4.1 不同按钮图标的分类与设计

图4-1~图4-3所示为不同的按钮图标示例。

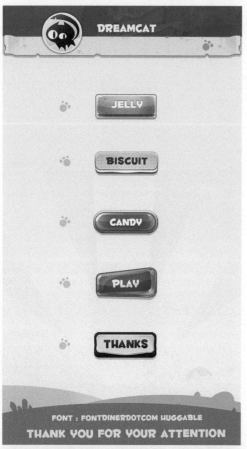

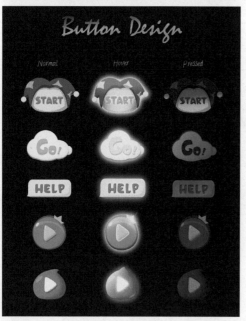

图4-1

图4-2

图4-3

奶酪

4.1.1 奶酪启动按钮

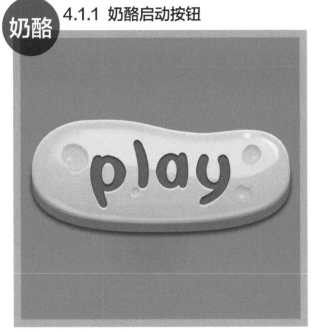

图4-4

案例综述

本案例讲解的是某个游戏项目中的某一个界面。在这里，界面整体运用了黄色调，同时字样与图标都偏可爱，让界面看起来非常活泼和有趣，如图4-4所示（通常我们绘制图标尺寸需要大于要求2~3倍，这样才能保证精细度）。

设计要求

绘制一个奶酪启动按钮，要求按钮颜色为黄色。

希望按钮能体现出奶酪的质感，给人感觉活泼有趣。

最终游戏项目运用的图标实际尺寸为100像素×100像素。

配色方案

fce4444   f2aa2c   c57619   ec521c

图标绘制步骤

01 启动Photoshop，按Ctrl+N快捷键，新建一个文件，设置文件的【宽度和高度】为786像素×589像素，设置【分辨率】为72像素/英寸，设置【颜色模式】为RGB颜色、8位，设置【背景内容】为白色，单击【确定】按钮，创建完毕，如图4-5所示。

02 这一步首先将【背景】图层填充为黄色（R:229，G:153，B:13）；然后新建一个【按钮底部】图层，设置图层前景色为深黄色（R:218，G:131，B:27），并选择【钢笔工具】✐绘制出按钮底部的轮廓与形状，如图4-6所示。

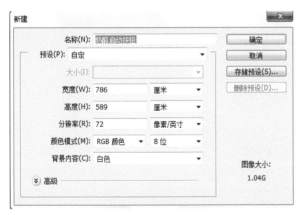

图4-5

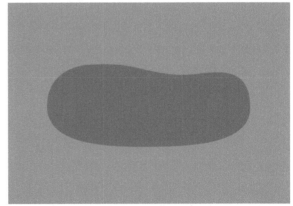

图4-6

03 选择【按钮底部】图层，单击图层面板下方的【添加图层样式】按钮 *fx.*；然后在弹出的对话框中选择【投影】复选框，将投影颜色设置为赭石色（R:184，G:95，B:7），并设置好其他相应参数，如图4-7和图4-8所示。

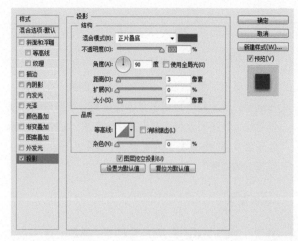 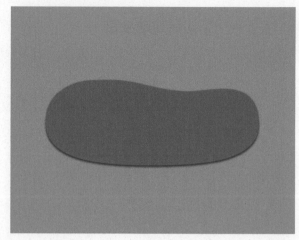

图4-7   图4-8

04 按Ctrl+J快捷键，将【按钮底部】图层复制一层，并将复制出的图层命名为【按钮】图层；然后按住Shift键拖动图层向上移动0.67cm，制造出按钮图标的厚度感，如图4-9所示；接着双击【按钮底部】图层的缩略图，在弹出的【拾

色器】对话框中修
改RGB值为（R:252,
G:212，B:54），并设
置图层中的【混合
模式】为【叠加】，
如图4-10所示。

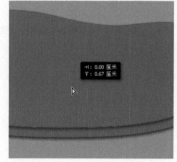 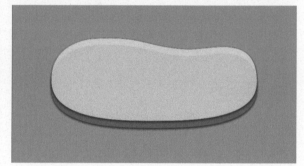

图4-9   图4-10

05 单击图层面板下方的【添加图层样式】按钮 *fx.*，在弹出的对话框中选择【斜面和浮雕】选项，设置高光颜色为黄绿色（R:235，G:244，B:100），阴影颜色为橘黄色（R:241，G:195，B:33），其他参数设置如图4-11所示；然后选择【内阴影】复选框，将内阴影颜色设置为黄色（R:252，G:228，B:72），其他参数设置如图4-12所示；接着选择【渐变叠加】复选框，将渐变颜色设置为黄色（R:241，G:197，B:43），其他参数设置如图4-13所示；最后选择【投影】复选框，并将其确定为关闭状态，最终得到图4-14所示的效果。

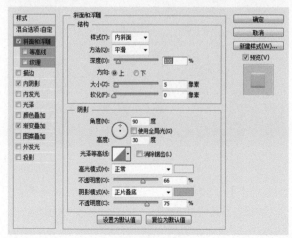 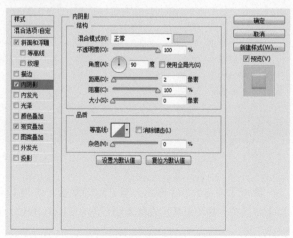

图4-11   图4-12

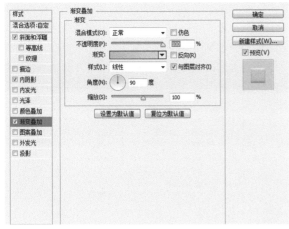

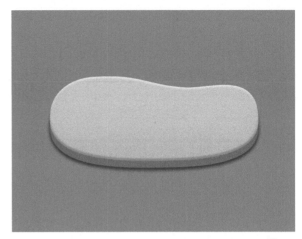

图4-13

图4-14

06 这时由于按钮整体颜色偏黄，所以，需要在按钮暗部颜色中增加一点冷色，起到中和作用，如图4-15所示。首先按住Ctrl键选择【按钮底部】图层的缩略图，载入选区，然后新建一个【冷色】图层，并设置图层【混合模式】为【强光】，设置图层不透明度为30%；接着在选区内用蓝色（R:44，G:212，B:255）和黄色（R:255，G:242，B:68）绘制出冷暖光，最终得到图4-16所示的效果。

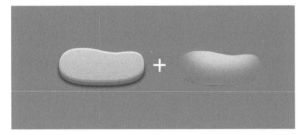

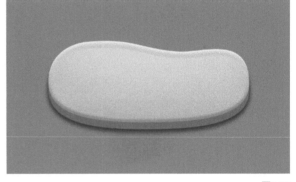

图4-15

图4-16

07 新建一个【高光】图层，设定光源为右上角方向，使用黄色（R:251，G:237，B:177）和白色（R:255，G:255，B:255）分别绘制出按钮上、下的高光；然后再新建一个【亮光1】图层，设置图层【混合模式】为【叠加】，设置不透明度为36%，并使用白色（R:255，G:255，B:255）在图层中绘制出高光，最终得到图4-17所示的效果。

08 为了突出图标风格，这一步需要在底部按钮图标上制造出一些气泡空洞效果，让整个图标体现出奶酪的质感。首先新建一个【气泡空洞】图层组，设置图层组【前景色】为黄色（R:255，G:240，B:131）；然后选择【钢笔工具】，绘制出奶酪的轮廓与形状；接着在【属性栏】中单击 形状 图层，并将生成的形状图层命名为【空洞】；最后设置【空洞】图层前景色为乳白色（R:255，G:247，B:188），并选择【椭圆工具】绘制出一个空洞的反光，得到图4-18所示的效果。

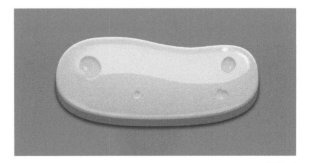

图4-17

图4-18

09 选择【空洞】图层，单击图层面板下方的【添加图层样式】按钮 **fx.**。首先，在弹出的对话框中选择【描边】复选框，将描边颜色设置为黄色（R:245，G:198，B:58），其他参数设置如图4-19所示；然后选择【内阴影】复选框，将内阴影颜色设置为黄色（R:250，G:216，B:49），其他参数设置如图4-20所示；接着选择【渐变叠加】复选框，将渐变颜色设置为黄色（R:242，G:192，B:41），其他参数设置如图4-21所示；再选择【投影】复选框，将投影颜色设置为黄色（R:245，G:221，B:89），其他参数设置如图4-22所示。

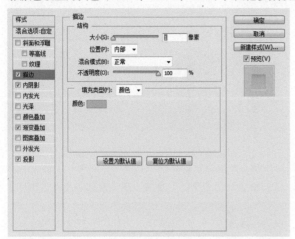

图4-19

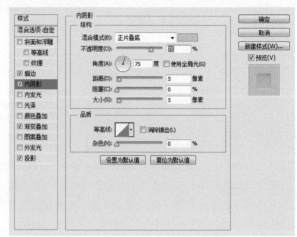

图4-20

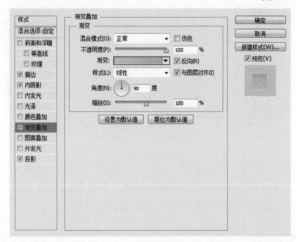

图4-21

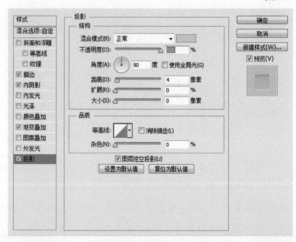

图4-22

10 根据前两个步骤中的方法绘制出一些其他气泡空洞元素，并调整其大小后，移动到合适的位置，如图4-23和图4-24所示。

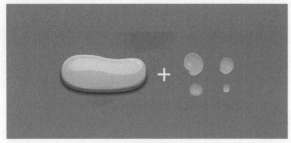

图4-23

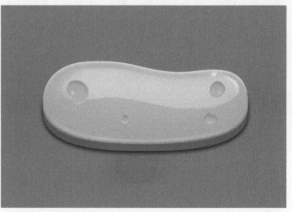

图4-24

11 选择【横排文字工具】 **T.**，在【属性栏】中设置字体为【方正少儿简体】（本字体可在百度上搜索后下载安装，如果找不到字体也可以尝试用Photoshop默认的其他类似字体代替），设置文本颜色为红色（R:236，G:82，B:28）；输入play字样，设置字体大小为165点；单击图层面板下方的【添加图层样式】按钮 **fx.**，在弹出的菜单中选择【内阴影】复选框，并将内阴影颜色设置为红色（R:191，G:76，B:46），其他参数设置如图4-25所示；选择【投影】复选框，将投影颜色设置为黄色（R:255，G:255，B:87），其他参数设置如图4-26所示，最后得到图4-27所示的效果。

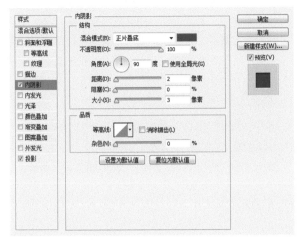

图4-25

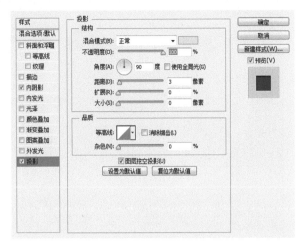

图4-26

图4-27

奶酪 4.1.2 奶酪暂停按钮

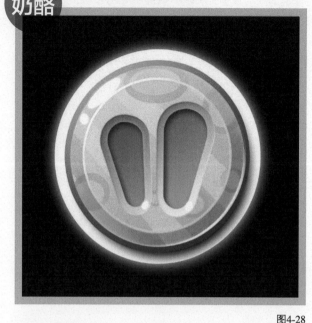

图4-28

案例综述

每个游戏战斗界面中，"暂停"按钮是必不可少的。这种按钮是考验设计师的一个小难点，如何将图标效果做得丰富又合理，同时还不会显乱，是这个案例的学习要点，如图4-28所示（通常我们绘制图标尺寸需要大于要求2~3倍，这样才能保证精细度）。

设计要求

绘制一个游戏"暂停"按钮，要求按钮颜色为黄色。

希望按钮配色明显，给人感觉活泼有趣。

最终游戏项目运用的图标实际尺寸为100像素×100像素。

配色方案

ffffff	fce444	e89506	c6690d

图标绘制步骤

01 启动Photoshop，按Ctrl+N快捷键，新建一个文件，设置【宽度和高度】为800像素×800像素，设置【分辨率】为72像素/英寸，设置【背景内容】为白色，设置【颜色模式】为RGB颜色、8位，单击【确定】按钮，创建完毕，如图4-29所示。

02 这一步将背景图层填充为黑色（R:0，G:0，B:0），新建一个【椭圆】图层组，选择【椭圆工具】，绘制出按钮底板的轮廓与形状；然后单击图层面板下方的【添加图层样式】按钮 **fx.**，在弹出的对话框中选择【描边】复选框，将其中的【填充类型】设置为【渐变】，如图4-30所示；接着单击渐变图标，在弹出的【渐变编辑器】中调整色标值为50%，并设置色标颜色的RGB值分别为（R:162，G:61，B:0）、（R:212，G:110，B:0）和（R:255，G:198，B:0），其他参数设置如图4-31所示；再选择【内发光】复选框，将内发光颜色设置为黄色（R:255，G:228，B:0），其他参数设置如图4-32所示；继续选择【渐变叠加】复选框，将渐变颜色的RGB值分别设置为橙色（R:234，G:147，B:0）和黄色（R:255，G:235，B:95），其他参数设置如图4-33所示；选择【投影】复选框，将投影颜色设置为深棕色（R:55，G:25，B:0），其他参数设置如图4-34所示；最后得到图4-35所示的效果。

图4-29

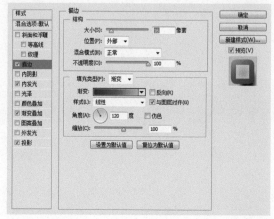

图4-30

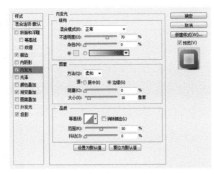

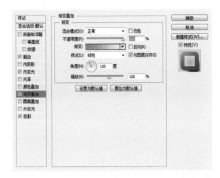

图4-31　　　　　　　　　　　　　　图4-32　　　　　　　　　　　　　　图4-33

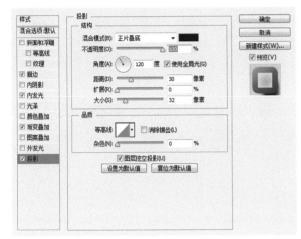

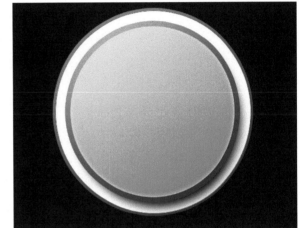

图4-34　　　　　　　　　　　　　　　　　　　　　　　　　　　　　　图4-35

03 按Ctrl+J快捷键，将【椭圆1】图层复制一层，然后按Ctrl+T快捷键，将其等比例缩小；然后单击图层面板下方的【添加图层样式】按钮 **fx.** ，在弹出的对话框中选择【描边】复选框，将其中的【填充类型】设置为【渐变】，如图4-36所示；接着单击渐变图标，在弹出的【渐变编辑器】中调整色标值为50%，并设置色标颜色的RGB值分别为（R:255，G:228，B:61）、（R:255，G:235，B:103）和（R:255，G:255，B:255），其他参数设置如图4-37所示；再选择【内发光】复选框，将内发光颜色设置为黄色（R:255，G:228，B:0），其他参数设置如图4-38所示；继续选择【渐变叠加】复选框，将渐变颜色分别设置为橙黄色（R:255，G:206，B:0）和黄色（R:255，G:233，B:72），其他参数设置如图4-39所示；最后选择【投影】复选框，并将其进行关闭后，得到图4-40所示的效果。

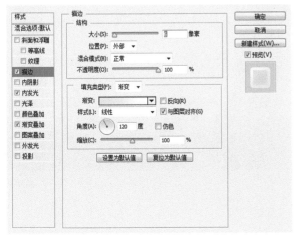

图4-36　　　　　　　　　　　　　　　　　　　　　　　　　　　　　　图4-37

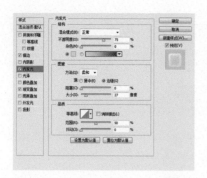
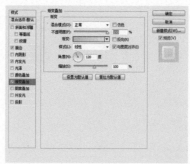

图4-38 　　　　　　　　　　　　图4-39 　　　　　　　　　　　　图4-40

04 按住Ctrl键并单击右键，将【椭圆】图层组中的椭圆图层载入选区后，新建一个【条纹】图层，并将选区颜色填充为橙色（R:255，G:191，B:0）；然后选择【多边形套索工具】 ，在【属性栏】中单击【从选区减去】按钮 ，减选掉不需要的条纹选区并按Delete键进行删除；最后新建图层并创建剪贴蒙版，再根据图形受光的不同进行上色，如图4-41所示。

图4-41

05 单击图层面板下方的【添加图层样式】按钮 *fx.* ，在弹出的对话框中选择【渐变叠加】复选框；然后将渐变叠加颜色分别设置为橙黄色（R:246，G:185，B:2）和黄色（R:255，G:226，B:38），其他参数设置如图4-42所示；将图层样式做好后，最终得到图4-43所示的效果。

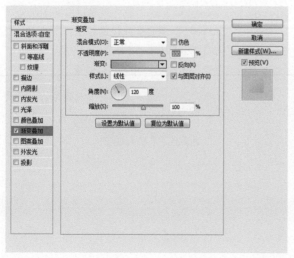
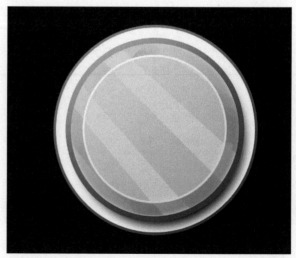

图4-42 　　　　　　　　　　　　　　　　　　　　　　　　　　图4-43

06 继续使用【椭圆工具】，按之前的方法制作出按钮的双层纹理效果，并进行叠加处理，如图4-44~图4-47所示。

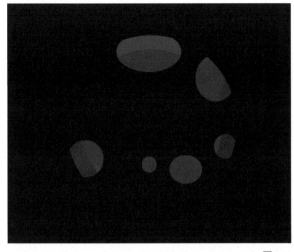

图4-44

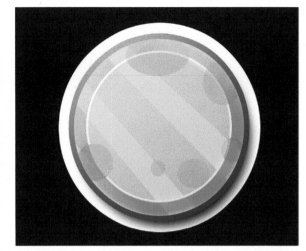

图4-45

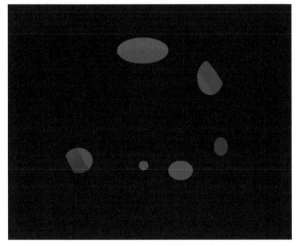

图4-46

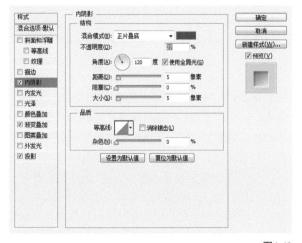

图4-47

07 使用【钢笔工具】 绘制出按钮中间位置的样式与形状，将图层命名为【形状】图层，并设置前景色为黄色（R:255，G:255，B:0）；然后单击图层面板下方的【添加图层样式】按钮 ，在弹出的对话框中选择【内阴影】复选框，将内阴影颜色设置为砖红色（R:216，G:91，B:0），其他参数设置如图4-48所示；接着选择【渐变叠加】复选框，将渐变叠加颜色分别设置为砖红色（R:225，G:119，B:0）和黄色（R:250，G:225，B:108），其他参数设置如图4-49所示；再选择【投影】复选框，将投影颜色设置为黄色（R:255，G:252，B:0），其他参数设置如图4-50所示，得到图4-51所示的效果；最后将做好的图层样式放置在之前的按钮底板上，得到图4-52所示的效果。

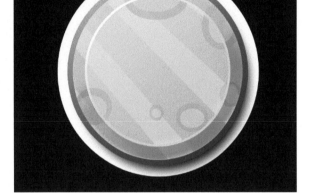

图4-48

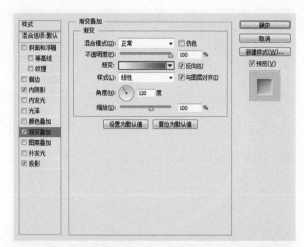

图4-49

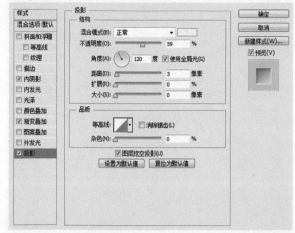

图4-50

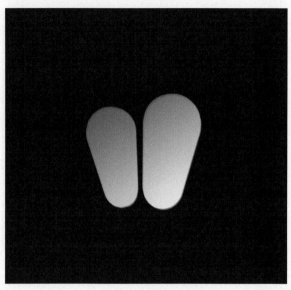

图4-51

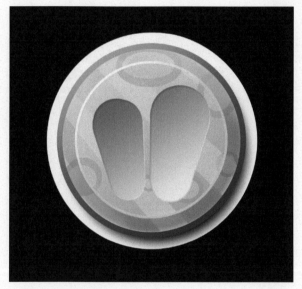

图4-52

08 使用与上一步同样的方法继续绘制出一个按钮的
样式轮廓与形状；然后单击图层面板下方的【添加
图层样式】按钮 ，在弹出的对话框中选择【内阴
影】复选框，将内阴影颜色设置为砖红色（R:136，
G:59，B:0），其他参数设置如图4-53所示；接着选择
【渐变叠加】复选框，将渐变叠加颜色分别设置为棕
色（R:211，G:110，B:0）和橙色（R:255，G:172，
B:13），其他参数设置如图4-54所示；再选择【外
发光】复选框，将外发光颜色设置为黄色（R:232，
G:232，B:13），其他参数设置如图4-55所示，得到图
4-56所示的效果；最后将制作出的按钮样式叠加在按
钮上，得到图4-57所示的效果。

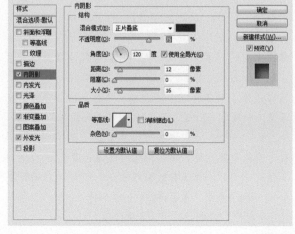

图4-53

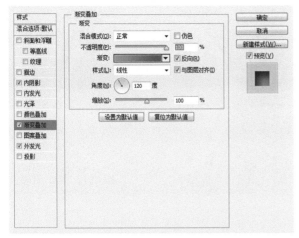

图4-54

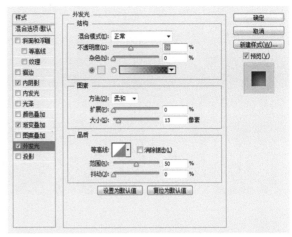

图4-55

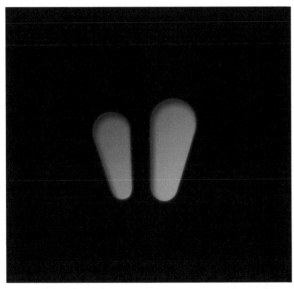

图4-56

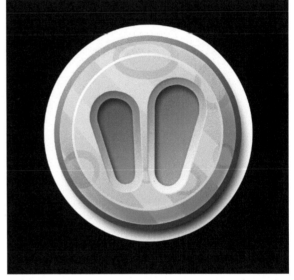

图4-57

09 新建一个【高光】图层，使用【椭圆选框工具】 ○.
绘制出高光，并填充高光颜色为白色（R:255，G:255，
B:255）；然后单击图层面板下方的【添加图层样式】按
钮 *fx.* ，在弹出的对话框中选择【外发光】复选框，将
外发光颜色设置为黄色（R:255，G:255，B:0），其他参
数设置如图4-58所示，制作出如图4-59所示的高光效
果；最后将高光叠加放置在按钮中合适的位置，得到图
4-60所示的效果。

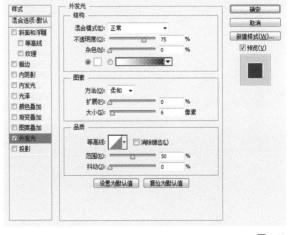

图4-58

图4-59

图4-60

10 新建一个【反光2】图层，使用【钢笔工具】 ✐ 绘制出按钮边缘的反光；然后使用【橡皮擦工具】 ◢ 将反光两边做虚化处理，使反光显得更加自然一些，制作出图4-61所示的反光效果；最后将反光放置在按钮中合适的位置，最终得到图4-62所示的效果。

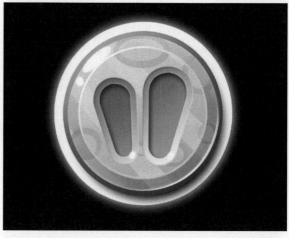

图4-61

图4-62

11 新建一个【奶酪按钮】图层组，将除【背景】图层外的图层移动到这个组当中；然后选择【奶酪按钮】图层组，单击图层面板下方的【添加图层样式】按钮 *fx.*，在弹出的对话框中选择【外发光】复选框，将外发光的颜色设置为黄色（R:255，G:198，B:0），其他参数设置如图4-63所示；最终得到图4-64所示的效果。

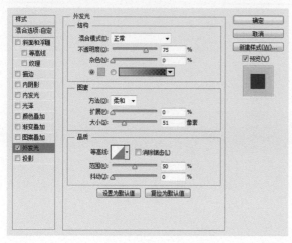

图4-63

图4-64

4.1.3 红色Play按钮

橡胶

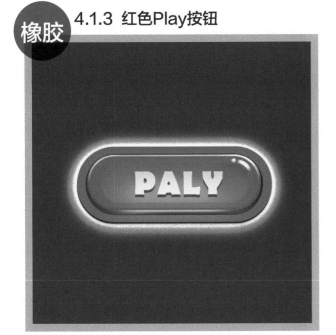

图4-65

案例综述

案例中界面颜色整体运用了红色，为了对比效果明显，其中的PLAY字样用了白色，再加一圈外发光效果，做成点中效果和感觉，显得非常有特色，如图4-65所示（通常我们绘制图标尺寸需要大于要求2~3倍，这样才能保证精细度）。

设计要求

绘制一个游戏PLAY按钮，要求按钮颜色为朱红。

希望按钮配色明显，让人感觉活泼有趣。

最终游戏项目运用的图标实际尺寸为100像素×100像素。

配色方案

fffffa8　　cc7665　　fd772a　　ea291d

图标绘制步骤

01 启动Photoshop，按Ctrl+N快捷键，新建一个文件，设置【宽度和高度】为700像素×400像素，设置【分辨率】为72像素/英寸，设置【背景内容】颜色为白色，设置【颜色模式】为RGB颜色、8位，单击【确定】按钮，创建完毕，如图4-66所示。

图4-66

02 将【背景】图层颜色填充为砖红色（R:156，G:71，B:56），并设置其前景色为棕色（R:123，G:60，B:47）；然后新建图层，用【圆角矩形工具】绘制出一个大小合适的按钮底板，并将图层命名为【圆角矩形】；接着单击图层面板下方的【添加图层样式】按钮 *fx.*，在弹出的菜单中选择【颜色叠加】复选框，将颜色叠加颜色设置为棕色（R:123，G:60，B:47），其他参数设置如图4-67所示；选择【投影】复选框，将投影颜色设置为棕色（R:109，G:66，B:59），其他参数设置如图4-68所示；最终得到图4-69所示的效果。

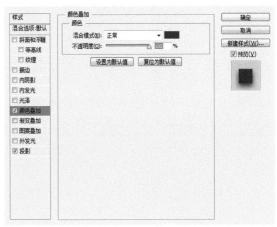

图4-67

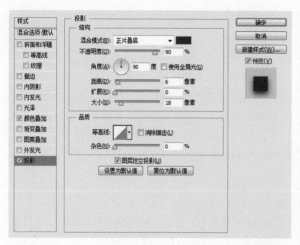

图4-68

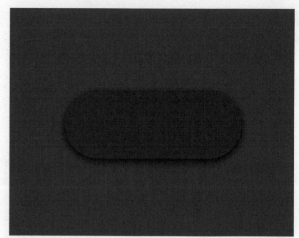

图4-69

03 按Ctrl+J快捷键，将【圆角矩形】图层复制一层，删除图层样式后填充图层颜色为粉色（R:204，G:118，B:101），并将图层向上移动0.1cm，制造出厚度感，如图4-70所示。

04 新建一个【圆角矩形1】图层，然后用【圆角矩形工具】 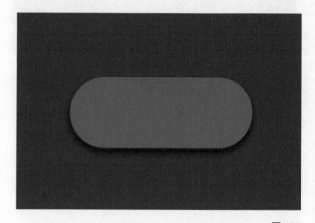 绘制出按钮内层，并设置图层前景色为暗红色（R:108，G:31，B:40），如图4-71所示。

05 新建一个【按钮】图层，用【圆角矩形工具】 绘制出一个圆角矩形图形，并填充其颜色为粉红色（R:230，G:83，B:81），同时置于底板上方合适的位置，如图4-72所示。

图4-70

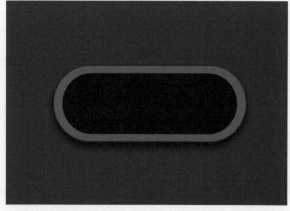

图4-71

图4-72

06 在【按钮】图层与【圆角矩形1】图层之间新建一个【反光】图层，并创建为剪贴蒙版，用黄色（R:250，G:233，B:93）和红色（R:202，G:59，B:60）对其反光部分进行绘制上色，如图4-73和图4-74所示。

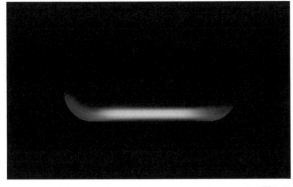

图4-73

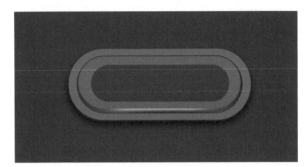

图4-74

07 新建一个【凹槽】图层，用【圆角矩形工具】■■绘制出凹槽图形，并填充其颜色为砖红色（R:182，G:59，B:58），如图4-75所示。

图4-75

08 新建一个【光效】图层，并创建剪贴蒙版，用黄色（R:252，G:227，B:16）与红色（R:249，G:50，B:26）绘制出光效，并设置图层为【叠加】模式，如图4-76和图4-77所示。

图4-76

图4-77

09 新建一个【厚度】图层，按住Crtl键并单击【按钮】图层的缩略图，载入选区；然后设定厚度的光源从右上角方向进入，并用黄色（R:240，G:203，B:101）和红色（R:231，G:46，B:31）绘制出亮光效果，注意需将按钮右上角绘制得更亮一些，如图4-78和图4-79所示。

图4-78

图4-79

10 保持之前的选择，并依次执行【选择】→【修改】→【收缩】菜单命令，在弹出的【收缩选区】对话框中设置收缩量为4像素，然后按Delete键删除图像，并取消选区，如图4-80~图4-82所示。

图4-80

图4-81

11 新建一个【高光】图层，使用白色（R:248，G:253，B:239）和黄色（R:247，G:238，B:177）继续在按钮上绘制出一些高光效果出来，如图4-83所示。

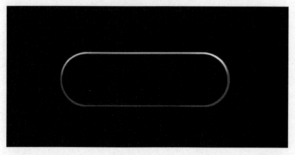

图4-82

图4-83

12 选择【横排文字工具】**T**，并在【属性栏】设置字体为Berlin Sans FB，输入PALY字样，并设置字号大小为63.64点；然后单击图层面板下方的【添加图层样式】按钮 **fx.**，在弹出的对话框中选择【渐变叠加】复选框，将渐变叠加颜色分别设置为粉色（R:255，G:226，B:220）和粉色（R:255，G:198，B:198），其他参数设置如图4-84所示；接着选择【投影】复选框，将投影颜色设定为砖红色（R:166，G:44，B:49），其他参数设置如图4-85所示；最后得到图4-86所示的效果。

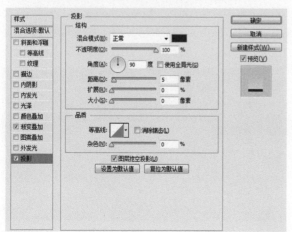

图4-85

图4-84

图4-86

13 为了让整个按钮保持明快的感觉。这里新建一个【调色】图层，选择黄色（R:246，G:240，B:152），绘制出色块形状。然后设置图层为【叠加】模式，并设置图层不透明度为74%，如图4-87和图4-88所示。

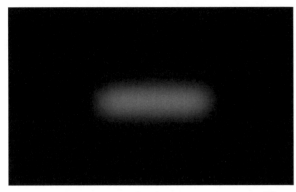

图4-87

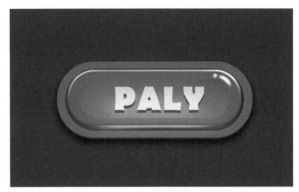

图4-88

14 选择【圆角矩形1】图层，单击图层面板下方的【添加图层样式】按钮 *fx.*，在弹出的对话框中选择【内发光】复选框，将内发光颜色设定为黄色（R:255，G:255，B:190），其他参数设置如图4-89所示，最后得到图4-90所示的效果。

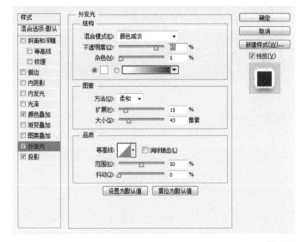

图4-89

○ TIPS ○

在这一步，我们将内发光效果做上去，主要是为了突出按钮，并且给按钮增加一些魔幻感，让用户有一种急着去点击的冲动心理。

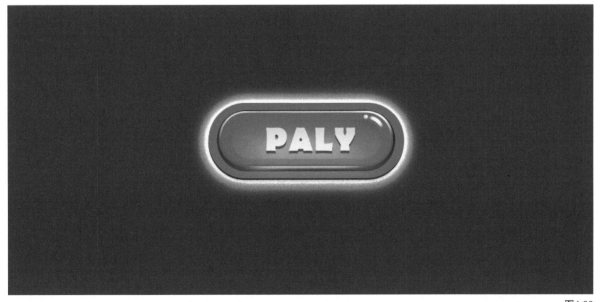

图4-90

4.1.4 果冻开始按钮

果冻

(案例综述)

　　本案例讲解的是一个偏可爱的图标按钮，这里我们运用到了粉色；为了突出按钮效果，将界面背景色设置为浅黑色，然图标感觉更为强烈，如图4-91所示（通常我们绘制图标尺寸需要大于要求2~3倍，这样才能保证精细度）。

(设计要求)

绘制一个游戏"start"按钮，要求按钮颜色为玫瑰红。

希望按钮配色明显，让人感觉活泼有趣。

最终游戏项目运用的图标实际尺寸为100像素×100像素。

(配色方案)

图4-91　　e3e3e3　　　ed4b91　　　ba1267　　　f0ac87

(图标绘制步骤)

01 启动Photoshop，按Ctrl+N快捷键，新建一个文件，设置【宽度和高度】为880像素×800像素，设置【分辨率】为72像素/英寸，设置【背景内容】为白色，设置【颜色模式】为RGB颜色、8位，单击【确定】按钮，创建完毕，如图4-92所示。

02 将【背景】图层颜色填充为黑色（R:29，G:32，B:43）；然后新建【圆角矩形1】图层，使用【圆角矩形工具】绘制出按钮底板轮廓与形状，然后单击图层面板下方的【添加图层样式】按钮 *fx*，在弹出的对话框中选择【描边】复选框，将对话框中的【填充类型】设置为【渐变】，如图4-93所示；接着单击渐变图标，可编辑渐变，在弹出的【渐变编辑器】窗口中设置渐变颜色分别为灰色（R:139，G:139，B:139）和白色（R:255，G:255，B:255），其他参数设置如图4-94所示；选择【颜色叠加】复选框，将叠加颜色设定为灰色（R:227，G:227，B:227），其他参数设置如图4-95所示；最后得到图4-96所示的效果。

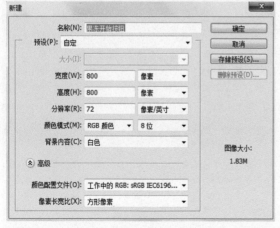

图4-92

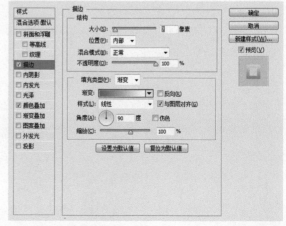

图4-93

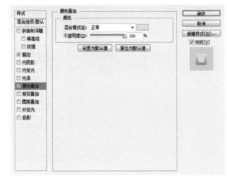

图4-94　　　　　　　　　　　　　　图4-95　　　　　　　　　　　　　　图4-96

03 使用【圆角矩形工具】■绘制出一个小一些的按钮图形；然后单击图层面板下方的【添加图层样式】按钮 _fx._，在弹出的对话框中选择【描边】复选框，将描边颜色设置为紫红色（R:99，G:7，B:50），其他参数设置如图4-97所示；选择【内发光】复选框，在对话框内将内发光颜色设置为粉红色（R:255，G:129，B:182），其他参数设置如图4-98所示；选择【颜色叠加】复选框，在对话框中将叠加颜色设置为紫红色（R:185，G:16，B:104），其他选项设置如图4-99所示；选择【投影】复选框，在对话框中将投影颜色设置为粉紫色（R:242，G:108，B:148），其他参数设置如图4-100所示；最终得到图4-101所示的效果。

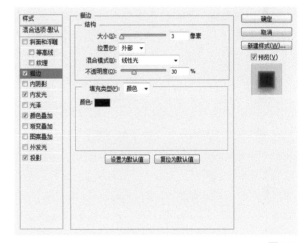

图4-97

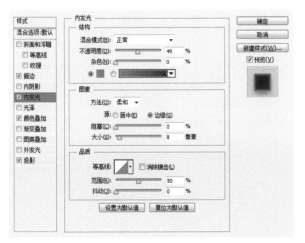

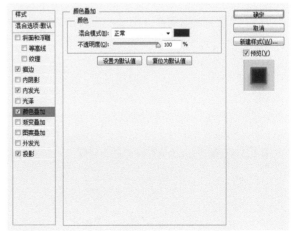

图4-98　　　　　　　　　　　　　　　　　　　　　　　　图4-99

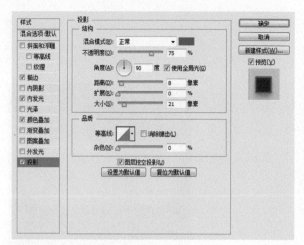

图4-100

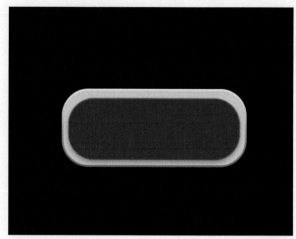

图4-101

04 按Ctrl+J快捷键，将【圆角矩形1】图层复制一层，生成【圆角矩形1副本】图层，并向上移动，表现出按钮的厚度感；然后单击图层面板下方的【添加图层样式】按钮 *fx.*，在弹出的对话框中选择【描边】复选框，将其中的【填充类型】设置为【渐变】，如图4-102所示；接着单击渐变图标，编辑渐变，在弹出的【渐变编辑器】窗口中设置色标颜色为红色（R:156，G:0，B:33）和粉色（R:251，G:101，B:157），其他参数设置如图4-103所示；选择【内阴影】复选框，将内阴影颜色设置为紫色（R:145，G:0，B:61），其他参数设置如图4-104所示；选择【渐变叠加】复选框，将渐变叠加颜色分别设置为粉红色（R:255，G:123，B:155）和紫色（R:255，G:3，B:193），其他参数设置如图4-105所示；最终得到图4-106所示的效果。

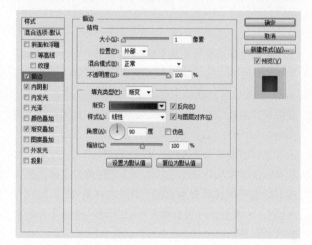

图4-102

图4-103

图4-104

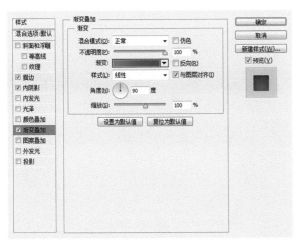

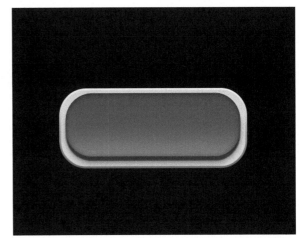

图4-105

图4-106

05 按住Ctrl键并单击【圆角矩形1副本1】图层，载入选区，新建一个【条纹】图层，并将选区颜色填充为桃红色（R:255，G:59，B:157）；然后选择【多边形套索工具】 ，并在【属性栏】中单击【从选区减去】按钮 ，并减选不需要的条纹选区，同时按Delete键进行删除，如图4-107和图4-108所示；接着单击图层面板下方的【添加图层样式】按钮 ，在弹出的对话框中选择【渐变叠加】复选框，将叠加颜色分别设置为粉红色（R:253，G:58，B:136）和紫色（R:227，G:40，B:137），设置图层不透明度为61%，并将图层填充颜色设置为61%，其他参数设置如图4-109所示；将样式调整好后，最后得到图4-110所示的效果。

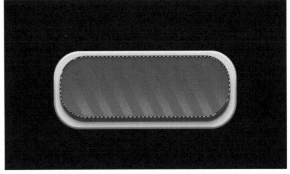

图4-107

图4-108

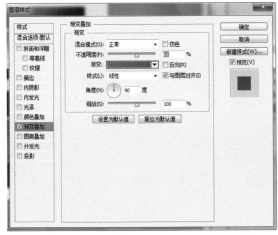

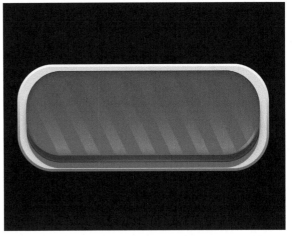

图4-109

图4-110

06 按住Ctrl键并单击【圆角矩形1副本1】图层，载入选区，新建一个【亮部】图层，并填充图层颜色为白色（R:255，G:255，B:255）；然后使用【橡皮擦工具】 将矩形部分做虚化处理，并设置图层【不透明度】为85%，设置图层【填充】值为85%，如图4-111和图4-112所示。

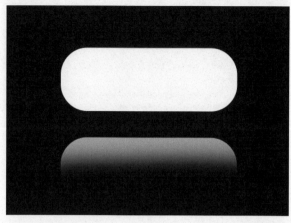

图4-111

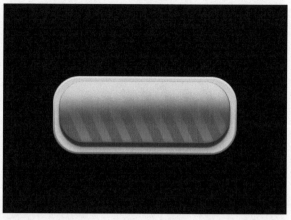

图4-112

07 使用与上一步相同的方法绘制出按钮的反光效果，并设置图层不透明度为67%，设置图层【填充】值为75%，如图4-113和图4-114所示。

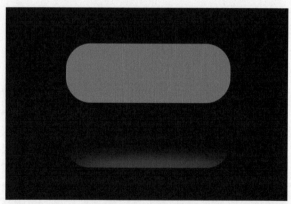

图4-113

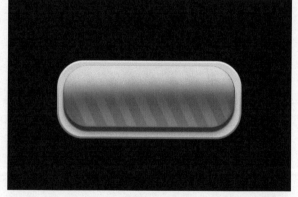

图4-114

08 新建一个【高光】图层，设置前景色为白色（R:255，G:255，B:255）；然后选择【钢笔工具】 绘制出按钮的高光，并使用【橡皮擦工具】 将高光部分做虚化处理，如图4-115和图4-116所示。

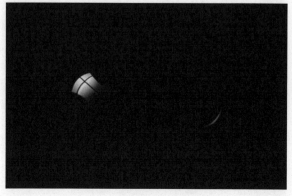

图4-115

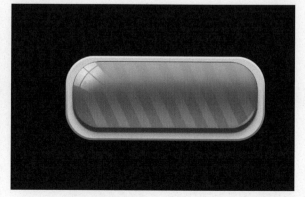

图4-116

09 新建一个【亮光】图层，给按钮绘制出白色的高光；然后单击图层面板下方的【添加图层样式】按钮 **fx.** ，在弹出的对话框中选择【外发光】复选框，将外发光颜色设置为黄色（R:255，G:255，B:14），其他参数设置如图4-117所示；接着再新建一个【白条】图层，绘制出两个白条，并将两端做虚化处理，同时设置图层不透明度为70%，如图4-118~图4-120所示。

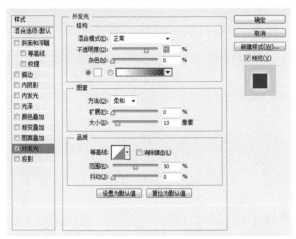

图4-117

图4-118

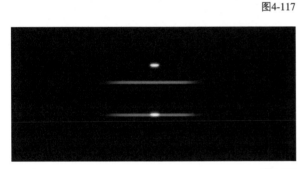

图4-119

图4-120

10 按Ctrl+J快捷键，将【圆角矩形1】图层复制一层，删除图层样式后向下移动，制造出按钮的投影；然后单击图层面板下方的【添加图层样式】按钮 **fx.** ，在弹出的对话框中选择【颜色叠加】复选框，将叠加颜色设置为灰色（R:153，G:136，B:136），其他参数设置如图4-121所示；最后得到图4-122所示的效果。

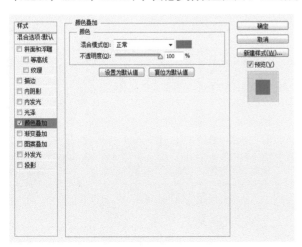

图4-121

图1-122

137

⑪ 新建3个图层，分别命名为【反光1】、【反光2】和【反光3】，然后在3个图层上分别绘制出按钮下部的反光效果，如图4-123~图4-126所示。

图4-123

图4-124

图4-125

图4-126

⑫ 选择【横排文字工具】，在【属性栏】设置字体为Impact，输入start字样，并设置字号大小为180点；然后单击图层面板下方的【添加图层样式】按钮，在弹出的对话框中选择【内阴影】复选框，将内阴影颜色设置为紫红色（R:189，G:4，B:96），其他参数设置如图4-127所示；选择【渐变叠加】复选框，将渐变叠加颜色设置为粉色（R:255，G:195，B:230）和白色（R:255，G:255，B:255），其他参数设置如图4-128所示；选择【投影】复选框，将投影颜色设置为白色（R:255，G:255，B:255），其他参数设置如图4-129所示；最后得到图4-130所示的效果。

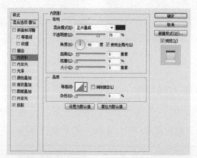

图4-127

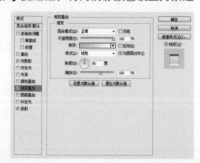

图4-128

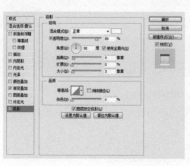

图4-129

图4-130

4.2 几种常见的游戏界面设计

4.2.1 萌猫杂货店界面

萌猫

图4-131

案例综述

本案例中的界面设计来自于一个偏日本风格的游戏项目，整个元素风格类似一些萌系的日本动画片中所出现的一些元素，在整个游戏当中我们以猫为主角。如图4-131所示，图中展示的是游戏中的杂货店界面设计，这里结合了日本的一些特有动画元素和游戏交互中所需的一些功能。可以通过点击界面中的3只小猫图标，分别购买游戏中所使用的道具、装备和食物。同样，界面中部分素材和灵感也都来源于网络，如果读者喜欢这套作品，可以查看作者在花瓣网上参考的全套作品。

设计要求

要求绘制一个萌猫杂货店界面，界面风格为日系风格。

界面中的图标可体现出动画片里的元素质感，让人感觉活泼有趣。

最终游戏项目运用的图标实际尺寸为1136像素×640像素。

配色方案

f29611	d5d497	738998	dcb2a4	b49279
936d51	644127			

图标绘制步骤

01 启动Photoshop，按Ctrl+N快捷键，新建一个文件，设置【宽度和高度】为750像素×1334像素，设置【分辨率】为72像素/英寸，设【背景内容】颜色为白色，设置【颜色模式】为RGB颜色、8位，单击【确定】按钮，创建完毕，如图4-132所示。

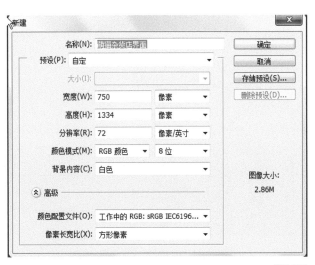

图4-132

02 打开需参考的素材文件，查看相关图片，对界面布局进行构思，如图4-133所示。

03 新建一个【草图】图层，绘制出界面草图，将布局大致定下来，如图4-134所示。

04 细化草图，绘制出界面上的细节内容，如图4-135所示。

图4-133

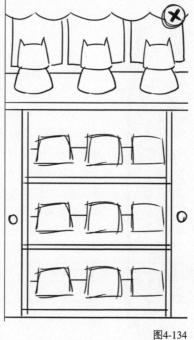

图4-134

图4-135

图4-136

05 新建一个【色彩】图层，绘制出界面的色彩基调，并确定出界面的主色调，如图4-136所示。

06 新建一个【椭圆】图层，选择【椭圆工具】⬭绘制出圆形图形，并填充其颜色为灰色（R:115，G:137，B:152），体现出屋檐的形状，如图4-137所示。

图4-137

07 按Ctrl+J快捷键，将【椭圆】图层复制一层，并按Ctrl+T快捷键等比例缩小后，将图层命名为【椭圆副本】；然后单击图层面板下方的【添加图层样式】按钮 *fx*，在弹出的对话框中选择【描边】复选框，将描边颜色设置为灰蓝色(R:61, G:83, B:97)，其他参数设置如图4-138所示；制作出图层样式，最终效果如图4-139所示。

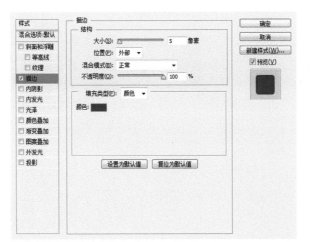
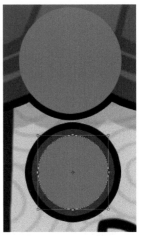

图4-138　　　　　　　　图4-139

08 同时选中【椭圆】和【椭圆副本】图层，单击【移动工具】 并按住Alt键，将其拖曳复制4次到界面中合适的位置，如图4-140所示。

09 使用【钢笔工具】 在界面上进行相应绘制，表现出瓦片的厚度感；然后将其颜色填充为蓝灰色（R:61，G:83，B:97）；接着单击【移动工具】 并同时按住Alt键，将其拖曳复制5次到界面中合适的位置；再使用【矩形工具】 在屋檐下面绘制出一个灰色块，体现出屋檐的体积感，并填充其颜色为灰色（R:95，G:118，B:134），如图4-141~图4-143所示。

图4-140

图4-141

图4-143

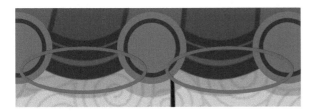

图4-142

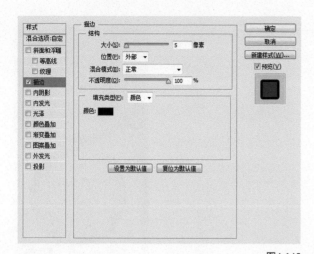

图4-145

图4-144

图4-146

10 如图4-144所示，新建一个【屋顶】图层，使用灰蓝色（R:81，G:104，B:120）绘制出瓦片底部颜色。然后将所有和屋顶相关的图层选中，按Ctrl+G快捷键，创建组后命名为【屋顶】；选中【屋顶】图层组，单击图层面板下方的【添加图层样式】按钮 fx.，在弹出的对话框中选择【描边】复选框，将描边颜色设置为棕色（R:44，G:13，B:6），其他参数设置如图4-145所示；制作好图层样式，最终得到图4-146所示的效果。

11 绘制"关闭"按钮。选择【椭圆工具】 ⬭ ，绘制出按钮的外形轮廓，并填充其颜色为灰蓝色（R:61，G:83，B:97）；然后按Ctrl+J快捷键，将【椭圆1】图层复制一层，并按Ctrl+T快捷键，等比例缩小后填充图层颜色为灰色（R:115，G:137，B:152），如图4-147所示。

12 选择【椭圆1】图层，单击图层面板下方的【添加图层样式】按钮 fx.，在弹出的对话框中选择【描边】复选框，将描边颜色设置为白色（R:255，G:255，B:255），其他参数设置如图4-148所示；接着选择【外发光】复选框，将外发光颜色设置为棕色（R:56，G:23，B:14），其他参数设置如图4-149所示；制作好图层样式后，得到图4-150所示的效果。

图4-147

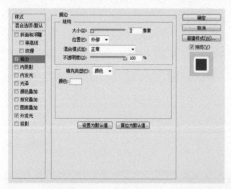

图4-148

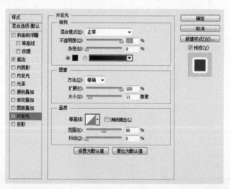

图4-149

图4-150

13 新建图层，命名为【圆角矩形】，用【圆角矩形工具】 ▭ 绘制出一个白色的圆角矩形图形；然后按Ctrl+J快捷键将图层复制一层，同时旋转90°，叠加在之前的图层上面，如图4-151和图4-152所示；接着合并两个圆角矩形所在的图层，同时旋转45°，最后将按钮移动到界面中合适的位置，得到图4-153所示的关闭按钮效果。

图4-151

图4-152

图4-153

14 新建图层，绘制出猫咪图标线稿；然后再次新建一个图层，对线稿进行平涂上色；上色完成后对猫咪外轮廓绘制出一层粗的勾边，如图4-154和图4-155所示。

图4-154

图4-155

15 新建图层，设置图层为【正片叠底】模式，绘制出小猫下面坐垫的外轮廓，然后对坐垫进行上色，同时绘制出坐垫上面的花纹和阴影，如图4-156所示。

16 选中所有关于猫咪的图层，按Ctrl+G快捷键建组；然后选中图层组，单击图层面板下方的【添加图层样式】按钮 fx.，在弹出的对话框中选择【描边】复选框，将描边颜色设置为白色（R:255，G:255，B:255），其他参数设置如图4-157所示；接着选择【外发光】复选框，将外发光颜色设置为黄色（R:252，G:246，B:83），其他参数置如图4-158所示；制作出图层样式，最终得到图4-159所示的效果。

图4-156

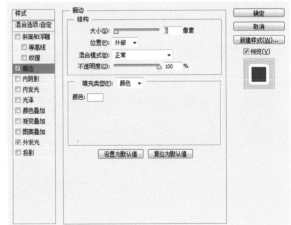

图4-157

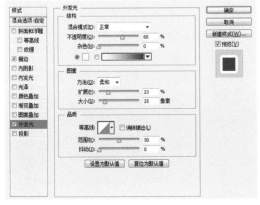

图4-158

图4-159

17 将第1个猫咪图标做好后，使用相同的方法制作出另外两只猫咪图标，如图4-160所示。

18 根据草图分层绘制出界面中柜子的色块，如图4-161所示。

图4-160

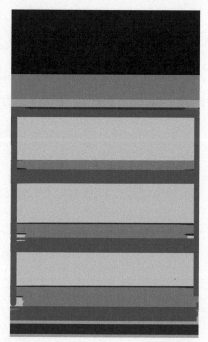

图4-161

19 将和风元素融入到界面中，分层绘制出柜子左、右两边打开的门，如图4-162所示。

20 新建图层，绘制出界面中屋檐下的布帘轮廓与形状，并将布帘颜色填充为淡紫色；然后分层建立剪贴蒙版，绘制出布帘上的海浪和波纹，如图4-163~图4-165所示。

图4-163

图4-164

图4-165

图4-162

21 新建图层，选择【椭圆工具】◎绘制出一个圆，并填充其颜色为咖啡色（R:100，G:65，B:39）；然后使用【移动工具】▶并按住Alt键将椭圆拖曳复制3次到界面中合适的位置；接着选择第1个圆，将其颜色填充为黄色（R:248，G:235，B:44）；最后同时选中4个圆的图层，并单击【属性栏】中的【水平居中分布】按钮，进行分布与排列，如图4-166所示。

图4-166

22 使用前面介绍的方法分层绘制出界面上各个食物小图标与价格标牌，以及阴影等细节，如图4-167所示。

23 检查界面整体有无问题，并进行合适的调整，最终得到图4-168所示的界面效果。

图4-167

图4-168

4.2.2 Q版签到界面

萌猫

图4-169

案例综述

这是一个Q版风格的游戏登录奖励界面，相信大家都玩过腾讯公司出品的天天酷跑和天天连萌等系列优秀作品。这种题材的游戏项目一般是针对年轻女性和小孩等用户的，整体用色非常时尚和活泼，界面设计轻松而不失细节，界面中所出现的灵感和部分素材都来源于网络，如图4-169所示。

设计要求

绘制一个Q版风格的签到奖励界面，界面可用于针对女性和小孩等游戏项目当中。

希望界面整体感觉时尚活泼，且又不失细节表现。

最终游戏项目运用的图标实际尺寸为1136像素×640像素。

配色方案

91d62d　　ffe860　　41bec2　　f8eac7　　e6cf95

ad6f27

图标绘制步骤

01 启动Photoshop，按Ctrl+N快捷键，新建一个文件，设置【宽度和高度】为750像素×1334像素，设置【分辨率】为72像素/英寸，设【背景内容】颜色为白色，设置【颜色模式】为RGB颜色、8位，单击【确定】按钮，创建完毕，如图4-170所示。

02 绘制出底板。首先打开一张需要的图片，拖曳到当前图像文件中；然后将图层命名为【背景】图层；添加一个【高斯模糊】滤镜效果，参数设置如图4-171所示；接着新建一个图层，将图层颜色填充为黑色（R:0，G:0，B:0），并设置图层不透明度为60%，得到图4-172所示的效果。

图4-170

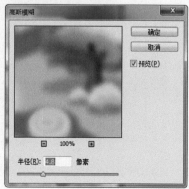

图4-171

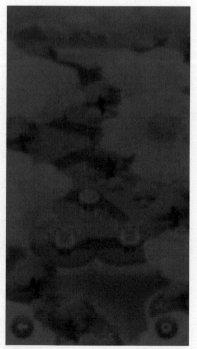

图4-172

03 选择【圆角矩形工具】■，画出一个圆角矩形，并将图层命名为【圆角矩形1】；然后在圆角矩形内单击，在弹出的对话框中设置矩形宽度为702像素、高度为756像素、半径为80像素，如图4-173所示；接着单击图层面板下方的【添加图层样式】按钮 *fx.*，在弹出的对话框中选择【描边】复选框，将描边颜色设置为深黄色（R：229，G：153，B：13），其他参数设置如图4-174和图4-175所示；制作出图层样式，得到图4-176所示的效果。

图4-173

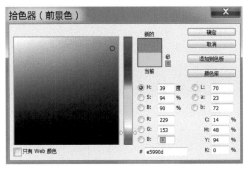

图4-174

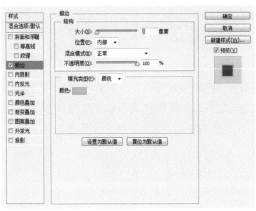

图4-175

图4-176

04 新建一个【圆角矩形】图层，使用与上一步相同的方法再绘制出一个圆角矩形；然后设置矩形的宽度为714像素、高度为767像素、半径为80像素；接着单击图层面板下方的【添加图层样式】按钮 *fx.*，打开【描边】选项，将描边颜色设置为土黄色（R:184，G:117，B:31）；再同时选中【圆角矩形】和【圆角矩形1】图层，使用【移动工具】▶并单击【属性栏】中的【垂直居中对齐】和【水平居中对齐】按钮，对图层进行居中对齐与排列，如图4-177所示。

05 使用【路径选择】▶工具，选中【圆角矩形】图层的路径，并复制到【圆角矩形1】图层中；然后在【属性栏】中调整【路径】■为【减去顶层形状】；接着单击图层面板下方的【添加图层样式】按钮 *fx.*，在弹出的对话框中选中【斜面和浮雕】和【内发光】两个复选框，并分别设置好相应参数，如图4-178~图4-180所示；最后将所有底板相关图层选中，按Ctrl+G快捷键建组，并命名为【底板】，制作出图层样式，如图4-181所示。

图4-177

图4-178

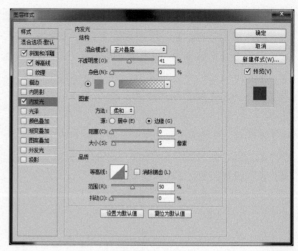

图4-179　　　　　　　　　　　　　　　　　　　　　　图4-180

06　使用【椭圆工具】 ◯.在底板上绘制出1个圆形图形；然后单击图形所在图层面板下方的【添加图层样式】按钮 *fx.*，在弹出的对话框中选择【内阴影】复选框，并设置好相应参数，如图4-182所示；接着按住Alt键并单击圆形，重复拖曳3次后对所有圆形进行大小调整与重组，作为底板的圆形装饰，如图4-183所示。

07　选中上一步已经做好的圆形图形，然后按住Alt键复制并粘贴到底板的其余3个角落中，并按Ctrl+T快捷键，对另外3个圆形图形组进行【水平翻转】或【垂直翻转】处理，最终得到图4-184所示的效果；最后将底板圆形装饰的相关图层全部选中，并按Ctrl+G快捷键，建组后，将图层组命名为【四角修饰】。

图4-181

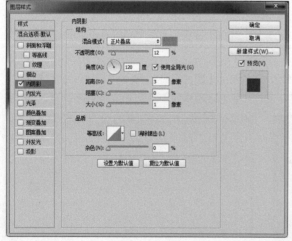

图4-182　　　　　　　　图4-183　　　　　　　　　　　　图4-184

08　新建一个【圆角矩形2】图层，用【圆角矩形工具】 ▭ 绘制出一个圆角矩形；然后在矩形内单击，在弹出的对话框中将宽度设置为355像素、高度设置为117像素、半径设置为80像素，如图4-185所示；接着关闭对话框，填充矩形的颜色为绿色（R:138，G:211，B:43）；最后使用【钢笔工具】 ✐，在圆角矩形下面增加一个锚点后，将这个锚点向上移动10像素，得到图4-186所示的效果。

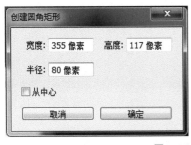

图4-185

图4-186

09 单击图层面板下方的【添加图层样式】按钮 **fx.**，在弹出的对话框中选择【内阴影】、【渐变叠加】和【投影】复选框，并分别设置好相应参数，如图4-187~图4-189所示；制作出图层样式，最终得到图4-190所示的效果。

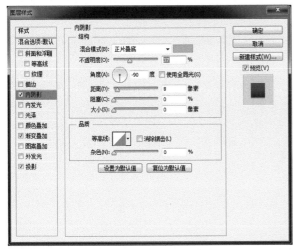

图4-187

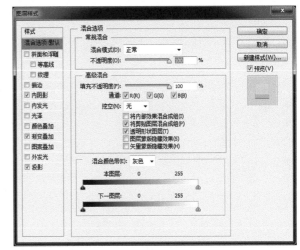

图4-188

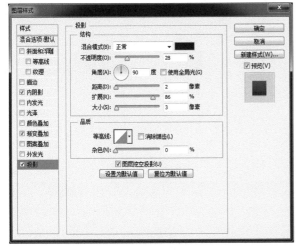

图4-189

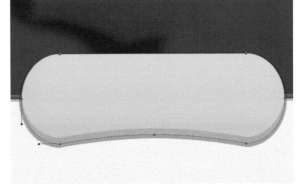

图4-190

10 按Ctrl+J快捷键，将【圆角矩形2】图层复制一层，并清除图层样式；然后单击图层面板下方的【添加图层样式】按钮 **fx.**，在弹出的对话框中选择【渐变叠加】复选框，设置好相应参数，如图4-191所示；最后添加图层蒙版，并将图层下方做虚化处理，得到图4-192所示的效果。

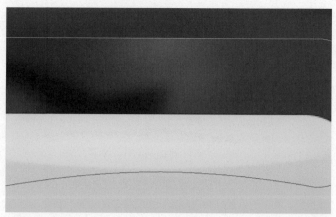

图4-191

图4-192

11 新建图层，选择【椭圆工具】  绘制出椭圆，并填充图层颜色为绿色（R:203，G:238，B:103）；在"菜单栏"中执行【窗口】→【属性】命令，然后在【属性】面板中设置【羽化】值为3.0像素，如图4-193和图4-194所示。

图4-193

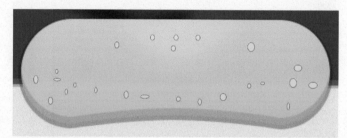

图4-194

12 新建一个图层，复制【圆角矩形2】图层的路径；然后选择【椭圆工具】 ●绘制出一个椭圆，设置【路径】为【与形状区域相交】，并填充椭圆颜色为灰绿色（R:208，G:240，B:166），同时设置图层为【叠加】模式；重复以上操作并建立图层蒙版，制作出矩形四周的虚化效果，如图4-195~图4-197所示。

图4-195

图4-196

图4-197

13 选择【横排文字工具】 T.，在【属性栏】中设置字体为【方正粗圆简体】；然后输入SIGN字样，设置字号大小为50点，设置字体颜色为浅绿色（R:208，G:240，B:166）；接着单击图层面板下方的【添加图层样式】按钮 **fx.**，在弹出的对话框中选择【描边】复选框，并设置好相应参数，如图4-198所示；制作出图层样式，最终得到图4-199所示的效果。

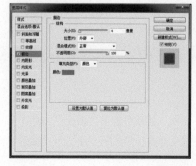

图4-198

图4-199

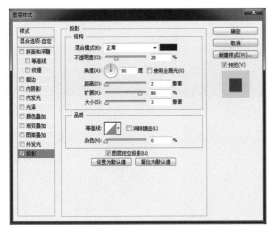

14 将之前创建的图层与标题相关图层选中，然后按Ctrl+G快捷键建组，并将图层组命名为【标题】；然后单击图层面板下方的【添加图层样式】按钮 fx，在弹出的对话框中选择【投影】复选框，并设置好相应参数，如图4-200所示；制作图层样式，最终得到图4-201所示的效果。

图4-200

图4-201

15 新建图层，选择【椭圆工具】 ，绘制出一个宽度和高度均为90像素的椭圆，并设置颜色为红色（R:243，G:73，B:93）；然后单击图层面板下方的【添加图层样式】按钮 fx，在弹出的对话框中选择【描边】、【内阴影】和【渐变叠加】复选框，并设置好相应参数，如图4-202~图4-204所示；制作出图层样式，最终得到图4-205所示的效果。

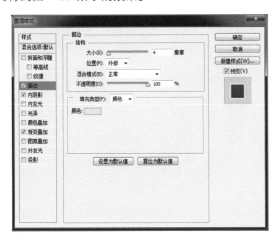

图4-202

图4-203

图4-204

图4-205

16 新建图层,用【钢笔工具】 在图标中相应位置勾勒出图形,并填充其颜色为白色;然后按快捷键Ctrl+Alt+G 建立剪贴蒙版,并设置图层为【叠加】模式,设置图层【不透明度】为30%,设置图层【填充】值为60%,如图 4-206和图4-207所示。

17 新建图层,用【钢笔工具】 在 图标中相应位置勾勒出如图4-208所 示的图形,并设置其颜色为浅白色, 设置图层为【叠加】模式,设置图层 【填充】值为75%。

图4-206

图4-207

图4-208

18 新建图层,用【钢笔工具】 勾勒出一个不规则的矩形图形,并设置其颜色为白色;然后单击图层面板下方的 【添加图层样式】按钮 ,在弹出的对话框中选择【投影】复选框,并设置好相应参数,如图4-209所示;制作出 图层样式,最终得到图4-210所示的效果。

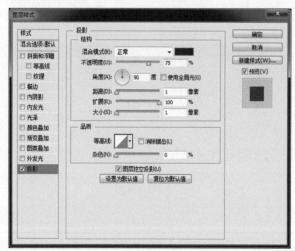

图4-209

图4-210

19 新建一个图层,用【椭圆工具】 绘制出一个宽度 与高度均为110像素的圆形图形,设置图形颜色为咖啡 色(R:156,G:97,B:21);然后绘制出一个宽度和高度 均为98像素的椭圆形图形,将之前绘制好的两个图形路 径选中后,在【属性栏】中选择【水平垂直居中】进行 居中排列;接着选中椭圆图形路径,在【属性栏】中 设置【路径】为【减去顶层形状】;最后单击图层面板 下方的【添加图层样式】按钮 ,在弹出的对话框中 选择【斜面和浮雕】和【内发光】复选框,并分别设置 好相应参数,如图4-211和图4-212所示;制作出图层 样式,最终得到图4-213所示的效果。

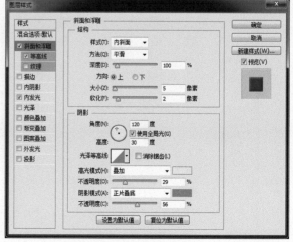

图4-211

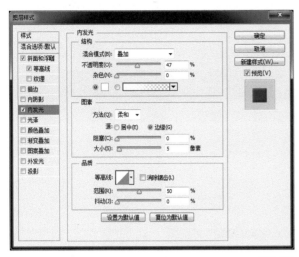

图4-212

图4-213

20 将之前绘制的关闭按钮的相关图层全部选中,按Ctrl+G快捷键建组,并将图层组命名为【关闭按钮】;然后单击图层面板下方的【添加图层样式】按钮 **fx.**,在弹出的对话框中选择【投影】复选框,并设置好相应的参数,如

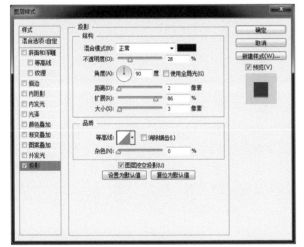

图4-214所示;制作出图层样式,得到图4-215所示的效果。

21 新建图层,将图层命名为【底板1】;然后用【圆角矩形工具】 绘制出一个宽度为153像素、高度为190像素和半径为18像素的圆角矩形,如图4-216所示。

图4-214

图4-215

图4-216

22 单击图层面板下方的【添加图层样式】按钮 **fx.**,在弹出的对话框中选择【描边】和【渐变叠加】复选框,并分别设置好相应的参数,如图4-217和图4-218所示;制作出图层样式,得到图4-219所示的效果。

图4-217

图4-218

图4-219

23 新建图层，用【圆角矩形工具】■绘制出一个宽度为153像素、高度为182像素和半径为18像素的圆角矩形，并将图层命名为【底板2】；然后单击图层面板下方的【添加图层样式】按钮 **fx**，在弹出的对话框中选择【渐变叠加】和【投影】复选框，并分别设置好相应参数，如图4-220和图4-221所示，制作出图层样式；选择【混合选项：自定】选项，在该界面中选择【将内部效果混合成组】复选框，取消选择【将剪贴图混合成组】复选框，如图4-222所示。此设置目的是将此图层上面带有图层模式的图层作用于此图层，从而得到图4-223所示的效果。

图4-220

图4-221

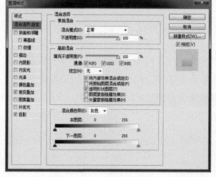

图4-222

图4-223

24 使用【多边形工具】●创建一个宽度为154像素、高度为40像素和边数为3的圆角三角图形，并填充图形颜色为黄色；然后按Ctrl+T快捷键，对图形做自由变换处理，并将图形的重心点移到三角形右边的定点上；接着按住Shift键将图形旋转30°后，按Enter键确认操作，如图4-224和图4-225所示；接着按Ctrl+Shift+Alt+T快捷键，对图形实现重复复制与旋转，将连续复制出的图形整体旋转成一个圆形即可；最后合并相关图层，并命名图层为【放射光】，如图4-226和图4-227所示。

图4-224

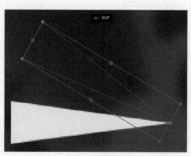

图4-225

图4-226

图4-227

25 将【放射光】图层与【底板2】图层做水平居中处理，并调整好位置；然后设置【放射光】图层透明度为30%、图层模式为【叠加】，如图4-228和图4-229所示。

26 新建图层，选择【椭圆工具】●绘制出一个宽度和高度均为50像素的椭圆，并设置椭圆颜色为乳白色，同时在界面中调整好其所在位置，并命名图层为【光1】，如图4-230所示。

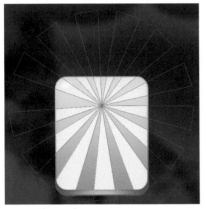
图4-228

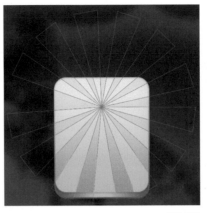
图4-229

图4-230

27　将【光1】图层属性中的羽化值设置为14像素，设置图层模式为【叠加】，设置不透明度设为80%，如图4-231和图4-232所示。

28　新建图层，并将图层命名为【光2】，然后选择【椭圆工具】 ，绘制出一个宽度为19像素、高度为8像素的椭圆图形，并设置图层模式为【叠加】，设置图形颜色为乳白色，同时调整图形位置并旋转图形为-15°，如图4-233所示；最后设置图层【属性】中的【羽化】值为2像素，如图4-234和图4-235所示。

图4-231

图4-232

图4-233

图4-234

图4-235

29　新建图层，并将图层命名为【底板3】；使用【矩形工具】 创建一个宽度为153像素、高度为36像素的矩形，同时在界面中调整好其所在位置；接着单击图层面板下方的【添加图层样式】按钮 ，在弹出的对话框中选择【渐变叠加】复选框，并设置好相应参数，制作出图层样式，如图4-236~图4-238所示。

图4-236

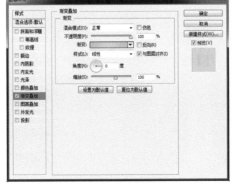
图4-237

图4-238

30 将底板的相关图层全部合成组，并将图层组命名为【签到底板未激活】；然后单击图层面板下方的【添加图层样式】按钮 **fx.**，在弹出的对话框中选择【投影】复选框，并设置好相应参数，制作出图层样式，如图4-239和图4-240所示。

31 用与之前相同的方法制作出【签到底板激活-黄色】图层组，如图4-241所示。

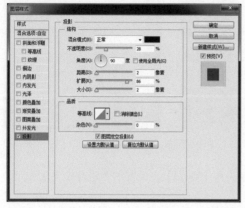

图4-239　　　　　　　　　　图4-240　　　　　　　　　　图4-241

32 按照之前想好的界面布局进行排版。先拟定好签到界面的文字内容；然后在【签到底板激活】图层组上新建一个【锤子图标】图层；接着打开"锤子图标.jpg"文件，并将图片拖曳到当前图像文件中，按Ctrl+T快捷键，将图像做等比例大小调整后移动到界面中相应的位置，如图4-242所示。

33 选择【横排文字工具】**T.**，并在【属性栏】中设置字体为【方正粗圆简体】；然后输入The 1th day字样，并设置字号大小为30点；然后将字体的【消除锯齿方式】设置为【锐利】、字体颜色设置为棕色，同时设置文字与图层签到底板的对齐方式为【水平对齐】，得到图4-243所示的效果。

34 选择【横排文字工具】**T.**，并在【属性栏】中设置字体为【方正粗圆简体】；然后输入HAMMER字样，并设置字号大小为30点，将字体的【消除锯齿方式】设置为【锐利】、字体颜色设置为乳白色；最后复制之前签到底板中的【投影】样式并粘贴到文字的图层样式中，得到图4-244所示的效果。

图4-242　　　　　　　　　　图4-243　　　　　　　　　　图4-244

35 用与上一步相同的方法制作出界面中剩余的签到内容，得到图4-245所示的效果。

36 新建图层，继续用【圆角矩形工具】■ 绘制出一个宽度为250像素、高度为76像素和半径为98像素的圆角矩形图形，并将矩形颜色填充为橙黄色，如图4-246和图4-247所示。

图4-245

图4-246

图4-247

37 单击图层面板下方的【添加图层样式】按钮 *fx.*，分别选择【内阴影】、【渐变叠加】和【投影】复选框。在【内阴影】选项组中，将【混合模式】设置为【正片叠底】，【颜色】值设置为#bebebe，【角度】设置为-90度，【距离】设置为0像素，【阻塞】设置为0%，【大小】设置为0像素，如图4-248所示；在【渐变叠加】选项组中，将【混合模式】设置为【叠加】，【不透明度】设置为25%，其他参数设置如图4-249所示；制作好图层样式，最终得到图4-250所示的效果。

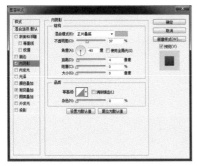

图4-248

图4-249

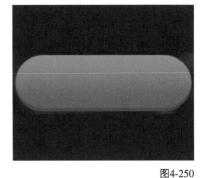

图4-250

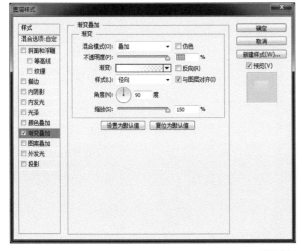

图4-251

38 复制一个上一步中制作出的圆角矩形图层，并把之前的图层样式清除掉；然后单击图层面板下方的【添加图层样式】按钮 *fx.*，在弹出的对话框中选择【渐变叠加】复选框，设置图层模式为【叠加】，设置不透明度为50%，如图4-251和图4-252所示。

图4-252

39 复制上一步中圆角矩形图形的路径，使用【椭圆工具】◐绘制出一个椭圆，并填充其颜色为绿色；然后选择【路径】，设置【路径操作】为【与形状区域相交】，设置图层模式为【叠加】，设置图层【不透明度】为70%；接着在【属性】中设置【羽化】为0.5像素，如图4-253和图4-254所示。

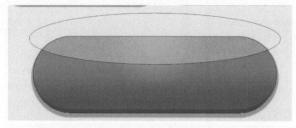

图4-253   图4-254

40 新建图层，使用【钢笔工具】✎绘制出图4-255所示的图形，并填充图形颜色为白色；然后设置图层模式为【叠加】，设置图层【不透明度】为60%；最后将处理好的图形复制到按钮的另一边，如图4-256所示。

图4-255   图4-256

41 选择【横排文字工具】T，并在【属性栏】中设置字体为【方正粗圆简体】，输入RECEIVE字样，并设置字号大小为43点；然后单击图层面板下方的【添加图层样式】按钮 *fx.*，在弹出的对话框中选择【描边】复选框，并设置好相应参数，如图4-257所示；接着调整图层对齐模式为【水平垂直对齐】，并将按钮的相关图层建成组后命名【RECEIVE按钮】；最后将之前标题按钮的投影图层复制并粘贴到此图层，得到图4-258所示的效果。

42 将之前绘制好的图标内容在界面上进行整体调整与完善，最终得到图4-259所示的界面效果。

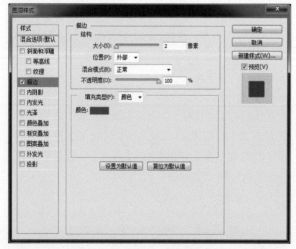

图4-257

图4-258

图4-259

4.2.3 Q版胜利界面

Q版

案例综述

　　本案例为一个Q版游戏风格的胜利界面。同样，本案例所涉及的游戏项目也是针对年轻女性和儿童的，非常休闲，所有用色都很时尚和活泼，整体界面设计也很轻松，如图4-260所示。

设计要求

绘制一个Q版风格的胜利界面，界面可用于针对女性和小孩等游戏项目当中。

希望界面整体感觉时尚活泼，且又不失细节表现。

最终游戏项目运用的图标实际尺寸为1136像素×640像素。

配色方案

91d62d	ffe860	41bec2	f8eac7	e6cf95
ad6f27				

图4-260

图标绘制步骤

01 打开之前案例的"Q版签到界面"文件，保留其【底板】组的内容后，更换掉背景；然后新建一个组，并将图层组命名为【彩带】，如图4-261所示。

图4-261

02 先绘制出彩带。用【钢笔工具】 🖊 绘制出彩带外形的右半部分，并填充其颜色为绿色；然后绘制出彩带的厚度和阴影等细节；接着复制图层到另外一边，并做水平翻转处理；最后合并图层后命名为【彩带】，如图4-262~图4-264所示。

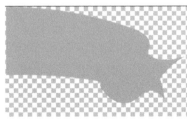
图4-262

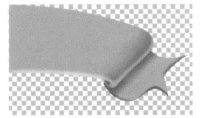
图4-263

图4-264

03 单击图层面板下方的【添加图层样式】按钮 _fx._，在弹出的对话框中选择【渐变叠加】复选框，并设置好相应参数，制作出图层样式，如图4-265和图4-266所示。

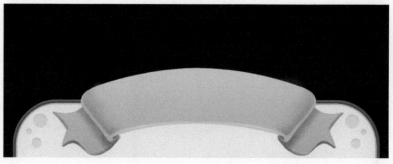

图4-265 图4-266

04 新建图层，用【钢笔工具】绘制出一个星星的轮廓与形状，并填充其颜色为黄色；然后单击图层面板下方的【添加图层样式】按钮 *fx*，在弹出的对话框中选择【描边】和【内发光】复选框，并设置好相应参数，制作出图层样式，如图4-267~图4-269所示。

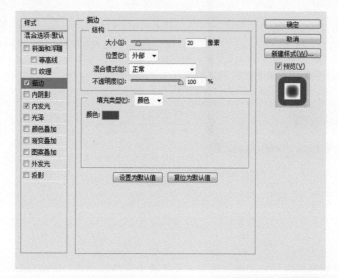

图4-267

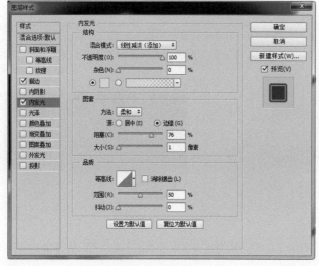

图4-268

图4-269

05 绘制出星星的暗部细节，并复制两层，通过等比缩放和左右旋转15°，制作出除中间星星之外左、右两边的星星；然后将这3个星星统一建成组后命名为【星星】；接着将【星星】图层组与【彩带】图层再建成组，并命名为【星星彩带】；接着单击图层面板下方的【添加图层样式】按钮 *fx.*，在弹出的对话框中选择【描边】和【投影】复选框，并设置好相应参数，制作出图层样式，如图4-270~图4-273所示。

图4-270

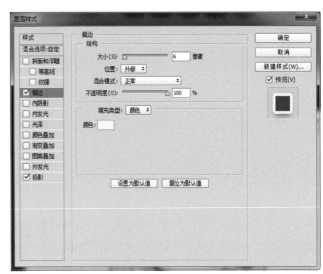

图4-271

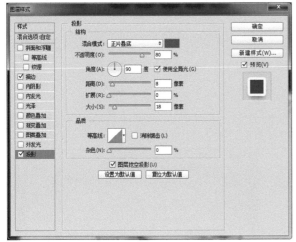

图4-272

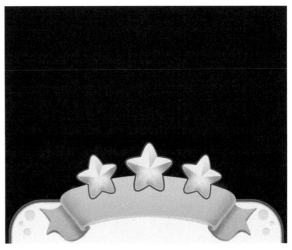

图4-273

06 新建一个【放射光】图层，设置前景色为黄色；然后用【矩形选框工具】绘制出一个长方形选框，并用【渐变工具】填充其【前景色】为透明，如图4-274所示。

07 继续上一步操作，按Ctrl+T快捷键，并单击鼠标右键，在弹出的快捷菜单中选择【透视】命令，将长方形上部分拉宽后做成一个放射光；然后通过复制与调整位置做成星星彩带后面的放射光，并将这些图层编组后，将图层组命名为【放射光】，如图4-275所示。

图4-274

08 使用【钢笔工具】✎绘制出一些小的矩形图形与星形图形，并填充相应的颜色，同时在界面中调整其大小和所在位置，作为彩带和星星的装饰；然后在星星下面选择【横排文字工具】T，在【属性栏】中设置字体为FZY4JW005D；接着输入GOOD JOB字样，并设置字号大小为48点；最后调整文字大小并变形为拱形后移动到界面中的相应位置，如图4-276所示。

图4-275

图4-276

09 选择【椭圆工具】◯，绘制出一个长度和宽度均为342像素的椭圆图形；然后单击图层面板下方的【添加图层样式】按钮 fx，在弹出的对话框中选择【描边】和【内阴影】复选框，并设置好相应参数，如图4-277和图4-278所示；制作出图层样式，得到图4-279所示的效果。

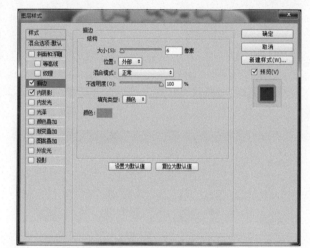

图4-277

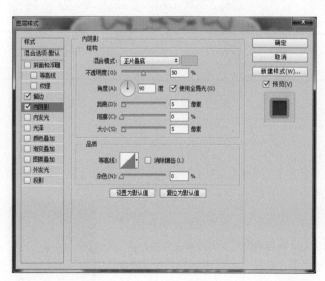

图4-278

图4-279

10 新建一个图层，打开之前找好的"猫咪.jpg"素材，然后拖曳到当前图层中并调整到合适大小，如图4-280所示。

11 使用与上一个案例中绘制放射光一样的方法绘制出界面中环绕的放射光，并填充放射光颜色为白色；然后将小猫、小猫底下的圆形底板及圆形放射光调整到界面中的相应位置，如图4-281所示。

图4-280

图4-281

12 用【圆角矩形工具】 绘制出宽度为400像素、高度为80像素、半径为80像素的圆角矩形，并填充其颜色为咖啡色；然后单击图层面板下方的【添加图层样式】按钮 *fx*，在弹出的对话框中选择【内阴影】复选框，并设置好相应参数，制作出图层样式，如图4-282和图4-283所示。

13 使用【钢笔工具】 绘制出小猫下方圆角矩形左、右两边的修饰花纹，效果如图4-284所示。

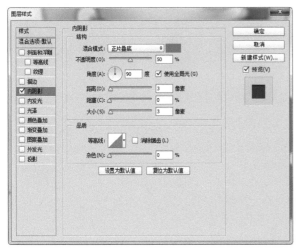

图4-282

图4-283

图4-284

14 选择【横排文字工具】 T，并在【属性栏】中设置字体为FZY4JW；然后输入SCORE：999456字样，并设置字号大小为43点；最后在字样下方加入钻石图标，并输入相关文字信息，如图4-285所示。

图4-285

15 置入上一步制作好的按钮图标，并把按钮文字更改为NEXT字样，最终效果如图4-286所示。

　　按照之前作者教大家学习的方法，我们试试其它布局结构和设计，尝试做出其它界面，从而完成一套游戏UI界面。

胜利界面

失败界面

尝试设计出全套界面吧!

图4-286

4.2.4 童话风商店界面

案例综述

本案例的设计灵感来源于童话世界，此案例所涉及的游戏项目依旧是针对年轻女性和小孩的休闲项目，所有用色都带有浓郁的童话色彩和创意元素，整体界面设计用色沉稳但不死板，界面中灵感和部分素材也都来源于网络，如图4-287所示。

图4-287

设计要求

绘制一个童话风格的商店界面，界面使用在针对女性和小孩等休闲游戏项目当中。

希望界面整体都带有浓郁的童话色彩，用色表现需要沉稳但不显死板。

最终游戏项目运用的图标实际尺寸为1136像素×640像素。

配色方案

4ad298   e76248   ffeeaa   844422

391e10

图标绘制步骤

01 启动Photoshop，按Ctrl+N快捷键，新建一个文件，设置宽度和高度为640像素×1136像素，设置分辨率为72像素/英寸，设置背景内容为白色，设置颜色模式为RGB颜色、8位，最后单击【确定】按钮，创建完毕，如图4-288所示。

图4-288

02 打开之前已找好的背景图片，导入图片作为背景后，将图层命名为【背景】图层；然后使用与"Q版签到界面"案例一样的方法处理好背景，如图4-289所示。

03 绘制界面底板。新建图层，并将图层命名为【底板底框】；然后用【圆角矩形工具】◻绘制出一个宽度为920像素、高度为440像素和半径为30像素的圆角矩形图形，并将图层命名为【底框】，如图4-290所示。

图4-289　　　　　　　　　　　　　　　　　　　　　图4-290

04 按住Shift键，在同一图形图层上添加一个宽度为750像素、高度为110像素和半径为40像素的圆角矩形图形，并调整好位置，如图4-291所示。

05 按住Shift键，选择【椭圆工具】●继续在同一图形图层上绘制出3个矢量圆形图形，并调整好各自的大小和位置，如图4-292所示。

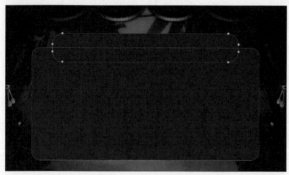
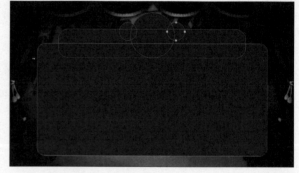

图4-291　　　　　　　　　　　　　　　　　　　　　图4-292

06 调整和确定好底板图形的位置，使其呈【水平居中】样式；然后填充底板颜色为砖红色，并将图层命名为【底板底框】，如图4-293和图4-294所示；接着单击图层面板下方的【添加图层样式】按钮 *fx.*，在弹出的对话框中选择【斜面和浮雕】复选框，并设置好相应参数，制作出图层样式，如图4-295和图4-296所示。

图4-293　　　　　　　　　　　　　　　　　　　　　图4-294

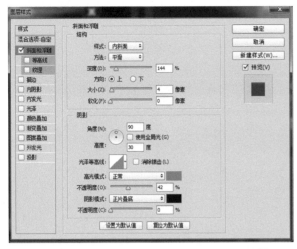

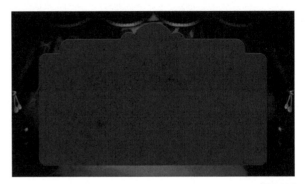

图4-295   图4-296

07 复制【底板底框】图层，并将其置于之前的【底板底框】下方，然后填充其颜色为棕色，并向下移动5像素，最后清除图层样式，如图4-297和图4-298所示。

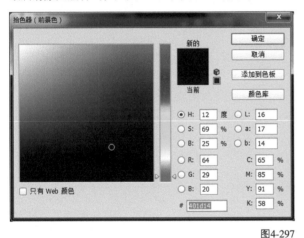

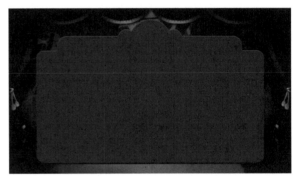

图4-297   图4-298

08 为【底板底框】图层制作纹理效果。新建图层，先将纹理素材导入后置于【底板底框】图层上方；然后创建剪贴蒙版，使素材只作用于【底板底框】图层，并将该图层命名为【纹理】；最后设置【纹理】图层模式为【叠加】，如图4-299和图4-300所示。

图4-299   图4-300

09 制作底板内框。用【圆角矩形工具】 ▢ 绘制出一个宽度为880像素、高度为385像素和半径为18像素的圆角矩形图形，并将图形颜色填充为深棕色；然后将该图层命名为【底板内框】，如图4-301和图4-302所示。

图4-301

图4-302

10 单击【底板内框】图层面板下方的【添加图层样式】按钮 *fx.*，在弹出的对话框中选择【内阴影】和【投影】复选框，并分别设置好相应的参数，制作出图层样式，如图4-303~图4-305所示。

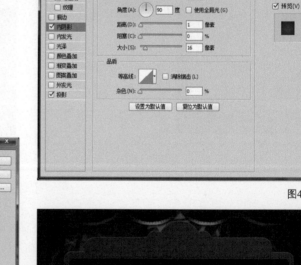

图4-303

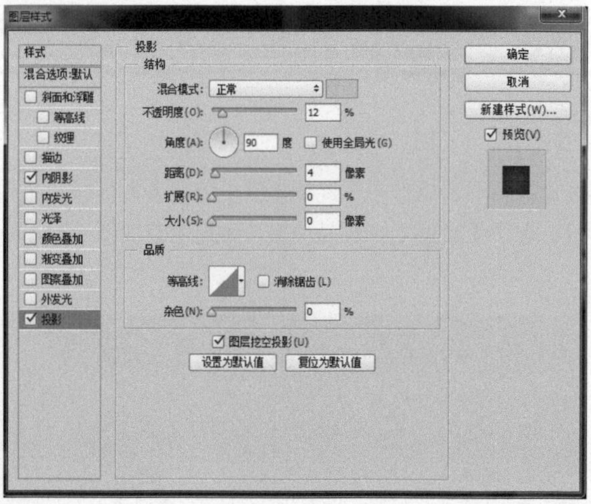

图4-304

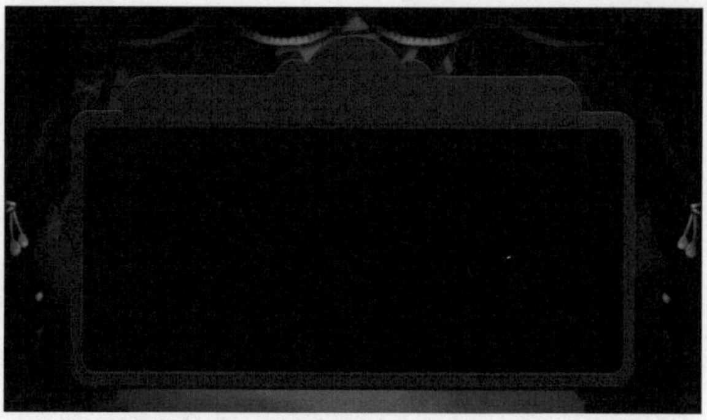

图4-305

11 为【底板内框】图层添加纹理效果。将纹理素材导入后置于【底板内框】图层上方，并创建剪贴蒙版；然后将该图层命名为【纹理2】，设置图层模式为【叠加】，如图4-306和图4-307所示。

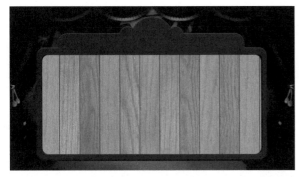

图4-306

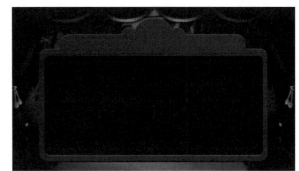

图4-307

12 为【底板内框】图层添加内嵌厚度效果。按住Ctrl键并单击【底板内框】图层，载入选区，执行【选择】→【修改】→【扩展】菜单命令；然后在弹出的对话框中设置【扩展量】为4像素，如图4-308所示。

13 保持选区，并新建一个图层，将选区颜色填充为深棕色后，将图层命名为【内框厚度】；再次将【底板内框】图层载入选区，按Delete删除选区样式后将图层透明度设为50%，如图4-309和图4-310所示。

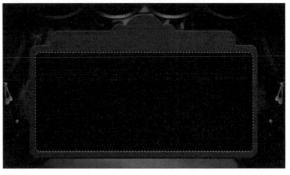

图4-308

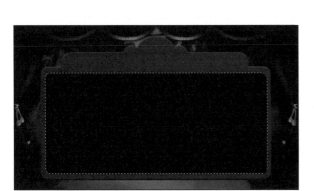

图4-309

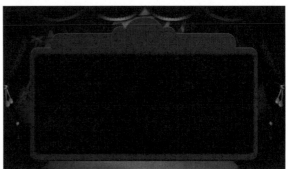

图4-310

14 为【内框厚度】图层添加蒙版，在蒙版上对内框厚度底部区域进行相应调整，制作出内框厚度的高光效果，如图4-311所示。这里也可通过对【内框厚度】图层添加渐变来实现效果。

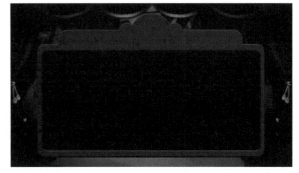

图4-311

15 制作底板小框。用【圆角矩形工具】 ■ 绘制出一个宽度为210像素、高度为42像素和半径为20像素的圆角矩形图形，并将该图层命名为【小框】；然后选择【椭圆工具】 ● 并按住Shift键，在同一图形图层中绘制一个宽度为55像素、高度为55像素的圆形图形，并填充其颜色为褐色（R:68，G:30，B:10）；最后将图形调整到界面中相应位置，如图4-312和图4-313所示。

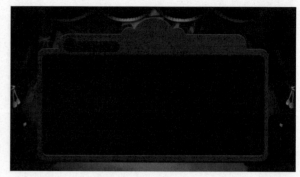

图4-312 图4-313

16 为底板小框添加样式与效果。选择【小框】图层，单击图层面板下方的【添加图层样式】按钮 **fx.**，在弹出的对话框中选择【内阴影】、【内发光】和【投影】复选框，并分别设置好相应参数，制作出图层样式，如图4-314~图4-317所示。

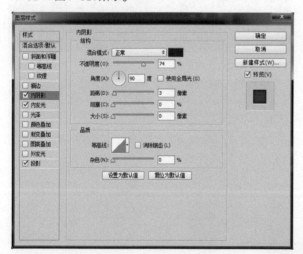
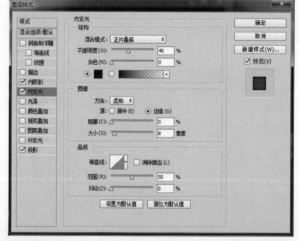

图4-314 图4-315

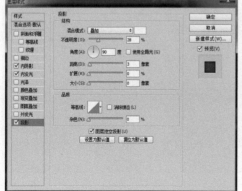
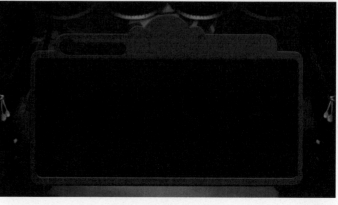

图4-316 图4-317

17 按Ctrl+J快捷键，将【小框】图层复制一层，然后按Ctrl+T快捷键，做水平翻转后移动到界面中相应位置，使图形在底板中呈左右对称样式，如图4-318所示。

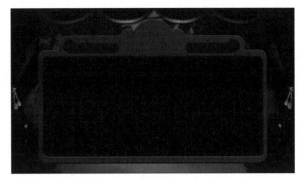

图4-318

18 为底板整体添加上高光效果。新建一个图层，将其载入底板选区，并填充图层颜色为白色；然后执行【选择】→【变换选区】菜单命令，将选区向下移动4像素，并按Delete键删除选区内容；最后设置图层模式为【叠加】，设置图层【不透明度】为70%，如图4-319和图4-320所示。

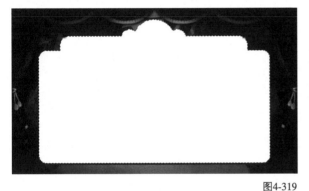

图4-319

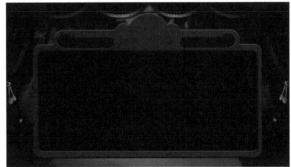

图4-320

19 新建一个图层，选择【画笔工具】 ，在属性栏中选择【尖角19号像素】笔刷，并将笔刷大小设置为1像素，将硬度设置为100%；然后将前景色设置为白色，按住Shift键在底板添加高光处绘制出一条水平直线，并执行【滤镜】→【模糊】→【动感模糊】菜单命令，在弹出的【动感模糊】对话框中设置【距离】为25像素、【角度】为0°；完成绘制后将所有底板相关的图层编组后命名为【底板】，如图4-321~图4-323所示。

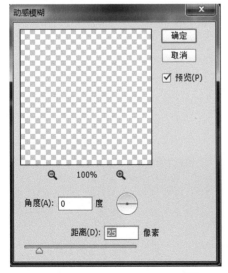

图4-321

图4-322

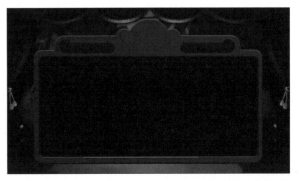

图4-323

20 制作底板标头。新建图层，以兔子为原型，使用【椭圆工具】和【钢笔工具】绘制出标头图形，将图层命名为【兔子】，并填充图层颜色为乳白色（R:255，G:250，B:213）；然后单击图层面板下方的【添加图层样式】按钮 **fx.**，在弹出的对话框中选择【内发光】复选框，并设置好相应参数，制作出图层样式，如图4-324～图4-326所示。

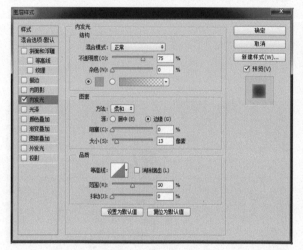

图4-325

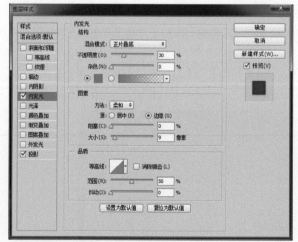

图4-324

图4-326

21 使用与上一步相同的方法绘制出兔子的耳朵内部与形状，并填充其颜色为粉红色（R:230，G:124，B:114）；然后单击图层面板下方的【添加图层样式】按钮 **fx.**，在弹出的对话框中选择【内发光】和【投影】，并分别设置好相应参数，制作出图层样式，如图4-327～图4-329所示。

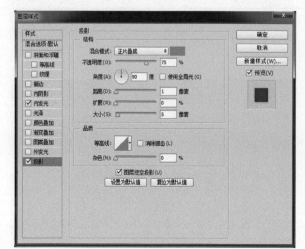

图4-328

图4-327

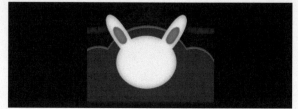

图4-329

22 制作标头字框。用【圆角矩形工具】▢ 绘制出一个宽度为240像素、高度为76像素和半径为40像素的圆角矩形图形，并填充图形颜色为砖红色（R:157，G:47，B:36），同时将图层命名为【框厚度】；单击图层面板下方的【添加图层样式】按钮 **fx.**，在弹出的对话框中选择【投影】复选框，并设置好相应参数，制作出图层样式，如图4-330和图4-331所示。

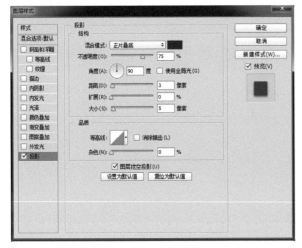

图4-330

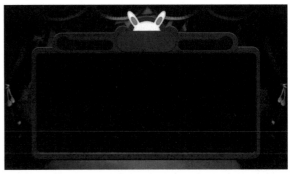

图4-331

23 按Ctrl+J快捷键，将【框厚度】图层复制一层，并清除图层样式；然后将图层颜色填充为粉红色（R:255，G:149，B:139）后，将图层命名为【框】；接着单击图层面板下方的【添加图层样式】按钮 **fx.**，在弹出的对话框中选择【内阴影】和【渐变叠加】复选框，并分别设置好相应参数，制作出图层样式，如图4-332~图4-334所示。

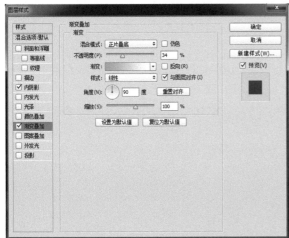

图4-333

图4-332

图4-334

24 按Ctrl+J快捷键，将【框】图层复制一层，并将图层命名为【内框】；然后按Ctrl+T快捷键，将图层中的图形等比例缩小20像素后清除图层样式，并填充图层颜色为红色（R:232，G:76，B:54）；接着单击图层面板下方的【添加图层样式】按钮 *fx.*，在弹出的对话框中分别选择【内阴影】、【渐变叠加】和【投影】复选框，并分别设置好相应参数，制作出图层样式，如图4-335~图4-338所示。

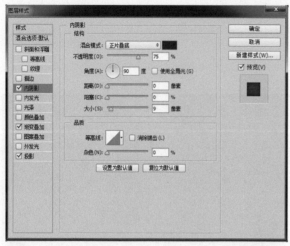

图4-335

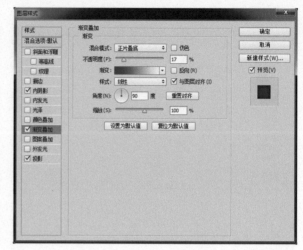

图4-336

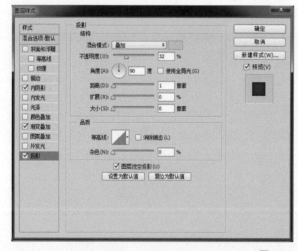

图4-337

图4-338

25 新建图层，使用与之前添加【纹理2】图层相同的方法为【内框】图层添加纹理效果，并设置图层模式为【叠加】，设置图层透明度为80%，同时将图层命名为【纹理】，如图4-339和图4-340所示。

图4-339

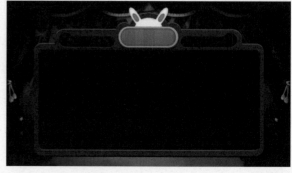

图4-340

26 制作标头字样。新建图层，将图层命名为【字体样式】，这里可以选择合适的字体样式，也可以在字体样式基础上做一些变化和设计，并将字体颜色设置为黄色；然后单击图层面板下方的【添加图层样式】按钮 *fx.*，在弹出的对话框中分别选择【内阴影】、【渐变叠加】和【投影】复选框，并分别设置好相应参数，制作出图层样式，如图4-341~图4-344所示。

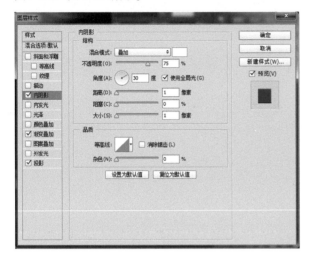

图4-341

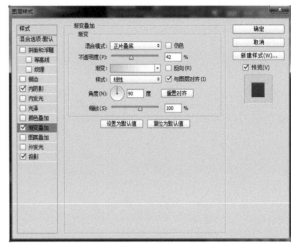

图4-342

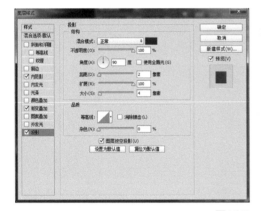

图4-343

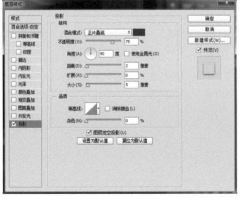

图4-345

27 选择标头相关图层，并编组命名为SHOP；然后单击图层面板下方的【添加图层样式】按钮 *fx.*，在弹出的对话框中选择【投影】复选框，并设置好相应参数，制作出图层样式，如图4-345和图4-346所示。

图4-346

28 制作商品栏。新建图层，使用【椭圆工具】⬭绘制出一个商品吊牌图形，然后将图层命名为【吊牌】，并填充图层颜色为米白色（R:255，G:241，B:191）；然后单击图层面板下方的【添加图层样式】按钮 **fx.**，在弹出的对话框中选择【斜面和浮雕】、【内发光】和【投影】选项，并设置好相应参数，制作出图层样式，如图4-347~图4-350所示。

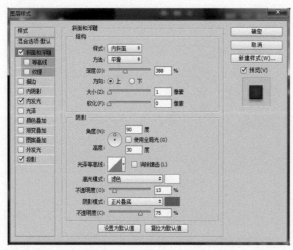

图4-347

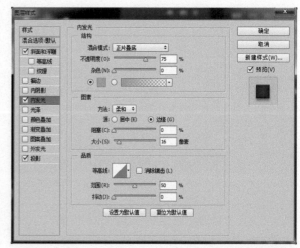

图4-348

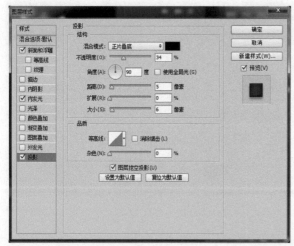

图4-349

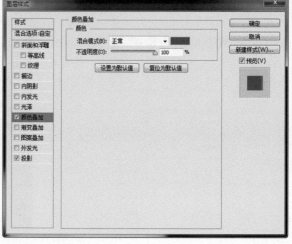

图4-350

29 绘制吊绳。新建图层，将图层命名为【吊带】，并置于【吊牌】图层下方；然后使用【钢笔工具】✐绘制出吊带形状，并单击图层面板下方的【添加图层样式】按钮 **fx.**，在弹出的对话框中选择【颜色叠加】和【投影】复选框，并设置好相应参数，制作出图层样式，如图4-351~图4-353所示。

图4-351

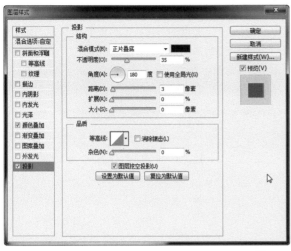

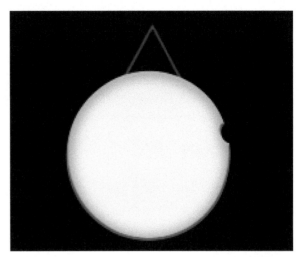

30 绘制钉子。新建图层，将图层命名为【钉子】，然后选择【椭圆工具】 ，绘制出钉子的形状，并将图层颜色填充为棕色（R:150，G:105，B:92）；接着单击图层面板下方的【添加图层样式】按钮 *fx.*，在弹出的对话框中选择【内阴影】和【渐变叠加】复选框，并设置好相应参数，制作出图层样式，如图4-354~图4-356所示。

31 新建图层，用与上一步相同的方法绘制出一个圆形，并做同比例缩小后置于【钉子】图层上方，同时将图层颜色填充为【乳白色】；用与之前相同的方法给钉子整体制作出一些细节效果，最后将相关图层编组命名为【吊环】，如图4-357所示。

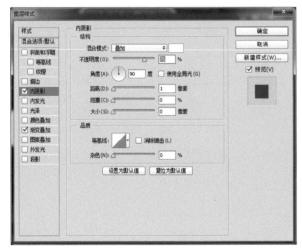

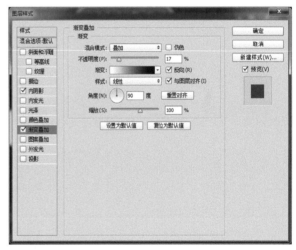

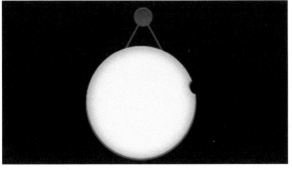

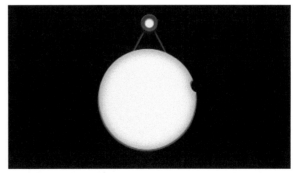

32 制作商品价格牌。新建图层，用【圆角矩形工具】█ 绘制出一个矩形图形后，填充图形颜色为绿色（R:61，G:243，B:108）；然后单击图层面板下方的【添加图层样式】按钮 **fx.**，在弹出的对话框中选择【描边】、【内发光】和【渐变叠加】复选框，并分别设置好相应参数，制作出图层样式，如图4-358~图4-362所示。

33 使用与之前相同的方法分层绘制出价格牌的高光、投影及反光部分的效果，然后将商品价格牌相关图层编组命名为【价格牌】，如图4-363所示。

图4-358

图4-359

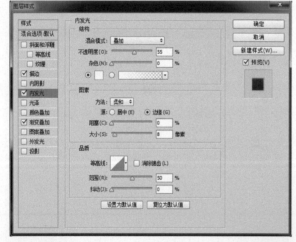

图4-360

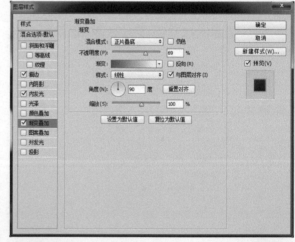

图4-361

图4-362

图4-363

34 将商品吊牌相关图层全部选中后编组并命名为【吊牌1】，然后按Ctrl+J快捷键，将【吊牌1】组复制4层并移动到界面中相应位置后进行排列与分布，并对吊牌进行细节上的调整，使不同吊牌之间有所区别，让界面效果显得更加自然，如图4-364所示。

35 制作翻页栏。使用【椭圆工具】 ◉ 绘制出一列圆形并置于【吊牌1】图层之上，然后填充绘制好的所有圆形的颜色为棕色（R:104，G:46，B:13）；接着单击图层面板下方的【添加图层样式】按钮 *fx.*，在弹出的对话框中选择【内阴影】和【投影】复选框，并设置好相应参数，制作出图层样式，如图4-365~图4-367所示。

图4-364

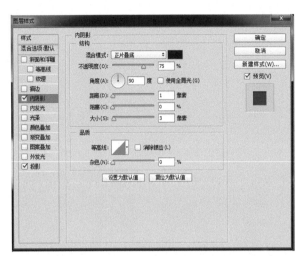

图4-365

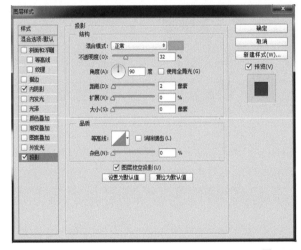

图4-366

图4-367

36 将上一步做好的圆形最中间的图形复制为新的形状图层，作为当前页标志；然后填充图层颜色为黄色（R:255，G:234，B:161），并单击图层面板下方的【添加图层样式】按钮 *fx.*，在弹出的对话框中选择【内发光】、【渐变叠加】和【内阴影】复选框，并设置好相应参数，制作出图层样式，如图4-368~图4-372所示。

37 为当前页标志制造出反光细节与效果，并填充反光颜色为土黄色（R:208，G:160，B:77），如图4-373所示。

图4-368

图4-369

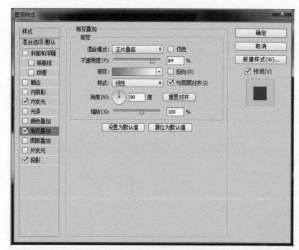

图4-370

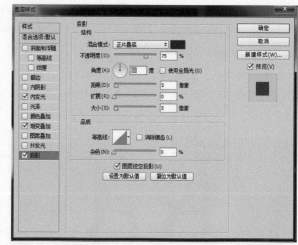

图4-371

图4-372

图4-373

38 制作商品信息底框。新建图层，用【圆角矩形工具】和【钢笔工具】在同一形状图层上绘制出信息底框，并命名图层为【底框】后，填充图层颜色为黄色（R:255，G:238，B:168）；然后单击图层面板下方的【添加图层样式】按钮 fx. ，在弹的出对话框中选择【内阴影】、【内发光】和【投影】复选框，并设置好相应参数，制作出图层样式，如图4-374~图4-378所示。

图4-374

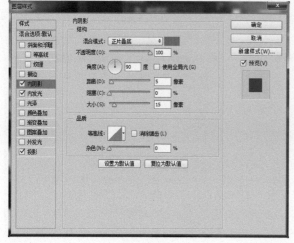

图4-375

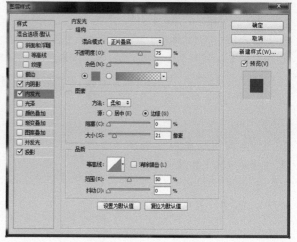

图4-376

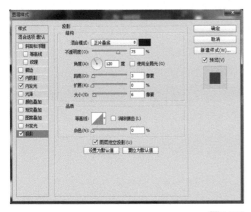

图4-377   图4-378

39 用与之前步骤中相同的方法为【底框】添加纹理样式，最后设置图层模式为【叠加】，如图4-379和图4-380所示。

图4-379   图4-380

40 新建图层，用【圆角矩形工具】 绘制出两个圆角矩形图形，并将图层命名为【信息框】；然后填充图层颜色为土黄色（R:199，G:171，B:121），设置图层不透明度为75%，如图4-381所示。

41 制作商品数量加减按钮。新建图层，选择【椭圆工具】 ，绘制出一个圆形图形，并将图层命名为【底】后，填充图层颜色为红色（R:175，G:23，B:48）；然后单击图层面板下方的【添加图层样式】按钮 fx. ，在弹出的对话框中选择【投影】复选框，并设置好相应参数，制作出图层样式，如图4-382和图4-383所示。

图4-381

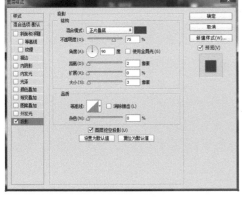

图4-382   图4-383

42 按Ctrl+J快捷键，将【底】图层复制一层，将复制出的图层命名为【上】，并往上移动5像素后，填充颜色为红色（R:245，G:58，B:89）；然后单击图层面板下方的【添加图层样式】按钮 *fx*，在弹出的对话框中分别选择【内阴影】、【内发光】和【渐变叠加】复选框，并设置好相应参数，制作出图层样式，如图4-384~图4-388所示。

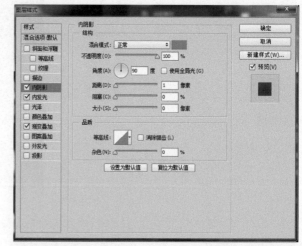

图4-384

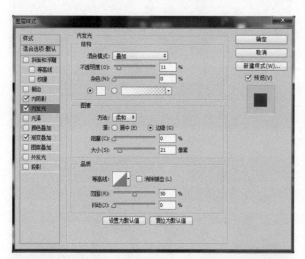

图4-385

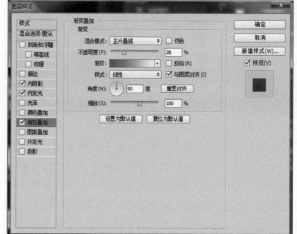

图4-386

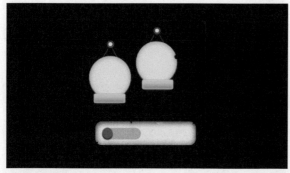

图4-387

图4-388

43 在【底】图层上用【圆角矩形工具】 绘制出一个减号形状图形，并将图形颜色设置为白色；然后单击图层面板下方的【添加图层样式】按钮 *fx*，在弹出的对话框中选择【内阴影】和【投影】复选框，并设置好相应参数，制作出图层样式，如图4-389~图4-391所示。

44 使用与上一步相同的方法绘制出一个加号图形，并移动到界面中合适的位置，如图4-392所示。

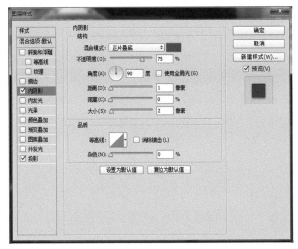

图4-389

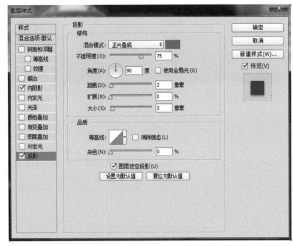

图4-390

图4-391

图4-392

45 制作"购买"按钮。新建图层，用【圆角矩形工具】■绘制出一个圆角矩形图形，并将图层命名为【购买按钮】后，填充图层颜色为绿色（R:96，G:160，B:133）；然后单击图层面板下方的【添加图层样式】按钮 **fx.**，在弹出的对话框中选择【描边】、【内发光】和【渐变叠加】复选框，并设置好相应参数，制作出图层样式，如图4-393~图4-397所示。

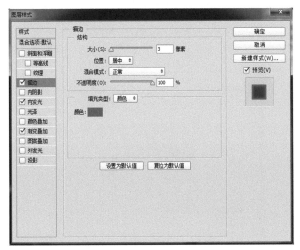

图4-393

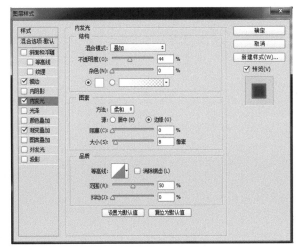

图4-394

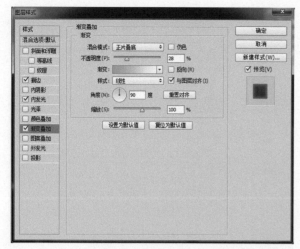

图4-396

图4-397

46 使用【钢笔工具】在【购买按钮】图层上绘制出两条白色的直线，并执行【滤镜】→【模糊】→【动感模糊】菜单命令；然后在弹出的【动感模糊】对话框中设置【角度】为0°、【距离】为25像素，设置图层【不透明度】为50%，如图4-398和图4-399所示。

图4-398

图4-399

47 新建一个图层，按住Ctrl键并单击【购买按钮】图层，载入选区，然后使用【渐变工具】■给【购买按钮】添加高光，如图4-400所示。

48 新建图层，单击【画笔工具】✎，选择【喷枪柔边圆 45】笔刷绘制出按钮投影，绘制时注意投影中的反光表现，如图4-401所示。

图4-400

图4-401

49 选择【购买按钮】的相关图层，将其全部栅格化后合并图层，并将图层重新命名为【购买按钮】；然后打开【色阶】和【色相/饱和度】对话框调整图像色彩，参数设置如图4-402和图4-403所示；接着打出BUY字样，选择合适的字体或者在原来字体的基础上做一些变化和设计，并将字体填充为白色；最后设置字样样式为【描边】，参数设置如图4-404所示；最后得到图4-405所示的效果。

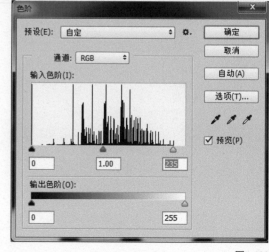

图4-402

图4-403

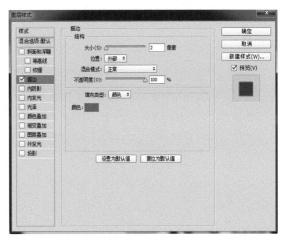

图4-404

图4-405

50 制作翻页按钮。新建图层，使用【钢笔工具】 ✎ 绘制出一个圆角三角形图形，并填充图形颜色为黄色（R:255，G:210，B:0）后，将图层命名为【翻页按钮】；然后单击图层面板下方的【添加图层样式】按钮 **fx.**，在弹出的对话框中选择【描边】、【内发光】和【渐变叠加】复选框，并设置好相应参数，制作出图层样式，如图4-406~图4-411所示。

图4-406

图4-407

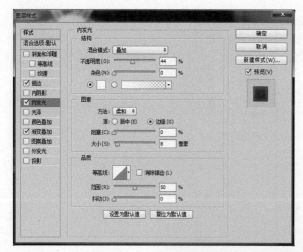

图4-408

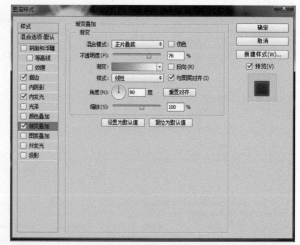

图4-409

图4-410

图4-411

51 给【翻页按钮】添加反光效果。新建一个【反光】图层后载入选区，并删除不需要的部分，然后将图层颜色填充为白色，设置图层不透明度为30%，如图4-142和图4-413所示。

52 新建出一个【高光】图层，使用与上一步中相同的方法给翻页按钮添加高光，并设置图层不透明度为90%，如图4-414所示。

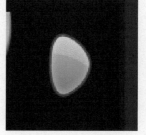

图4-412

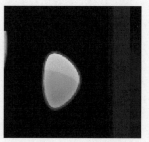

图4-413

图4-414

53 新建一个【投影】图层，将图层置于【翻页按钮】图层下方；然后载入图层选区，执行【选择】→【修改】→【扩展】菜单命令，在弹出的【扩展选区】对话框中设置【扩展量】为6像素，并填充图层颜色为棕色（R:42，G:22，B:11）；接着取消选区，执行【滤镜】→【模糊】→【高斯模糊】菜单命令，在弹出的【高斯模糊】对话框中设置【半径】为1.6像素，如图4-415和图4-416所示。

54 将翻页按钮相关图层编组后命名为【翻页按钮】，然后复制【翻页按钮】图层组，并做水平翻转后移动到界面中的相应位置，如图4-417所示。

图4-415

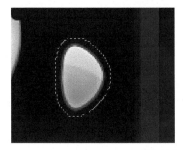

图4-416

图4-417

55 制作关闭按钮。新建图层，选择【椭圆工具】 ，在界面底板右上角位置绘制出一个圆形图形，并将图层命名为【底】，同时填充图层颜色为棕色（R:64，G:29，B:20）；然后单击图层面板下方的【添加图层样式】按钮 fx.，在弹出的对话框中选择【投影】复选框，并设置好相应参数，制作出图层样式，如图4-418和图4-419所示。

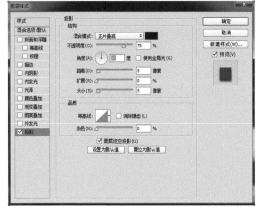

图4-418

图4-419

56 按Ctrl+J快捷键，将【底】图层复制一层，并将复制出的图层命名为【上】后上移5像素，同时填充颜色为棕色（R:120，G:57，B:24）；然后单击图层面板下方的【添加图层样式】按钮 fx.，在弹出的对话框中选择【斜面和浮雕】复选框，并设置好相应参数，制作出图层样式，如图4-420和图4-421所示。

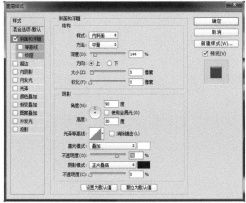

图4-420

57 为【上】图层添加纹理效果，并设置图层模式为【叠加】，设置【不透明度】为30%，如图4-422所示。

图4-421

图4-422

187

58 按Ctrl+J快捷键，再将【底】图层复制一层，并将复制出的图层命名为【内陷】后，按Ctrl+T快捷键，将图形做等比例缩小；然后单击图层面板下方的【添加图层样式】按钮 **fx.**，在弹出的对话框中选择【内阴影】、【内发光】和【投影】复选框，并设置好相应参数，制作出图层样式，如图4-423~图4-427所示。

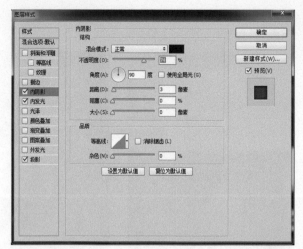

图4-423

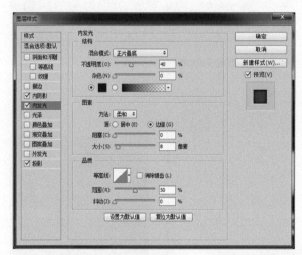

图4-424

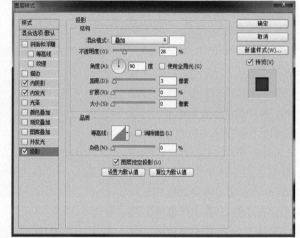

图4-425

图4-426

图4-427

59 新建图层，用【圆角矩形工具】 ▢绘制出一个X图形，并填充图层颜色为米白色（R:255，G:241，B:191）；然后单击图层面板下方的【添加图层样式】按钮 **fx.**，在弹出的对话框中选择【内阴影】、【内发光】和【投影】

复选框，并设置好相应参数，制作出图层样式，如图4-428~图4-432所示。

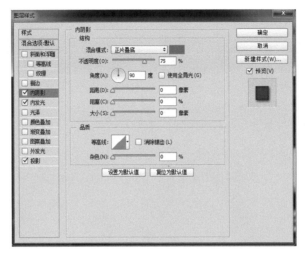

图4-428

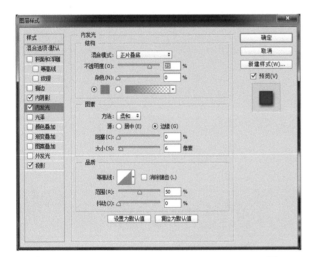

图4-429

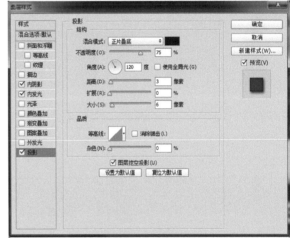

图4-430

图4-431

图4-432

60 将制作好的当前界面整体进行调整。建立参考线，调整一些没有对齐的元素，如图4-433所示。

图4-433

61 将界面整体调整好后，把之前制作好的各种图标和素材导入进去，并移动到界面中的相应位置，同时添加好字样信息，最终效果如图4-434所示。

图4-434

05
做一个独一无二的UI设计师

- ⊙ 个人UI风格的确定
- ⊙ UI简历包装
- ⊙ UI面试零压力

5.1 个人UI风格的确定

经过之前的练习，相信已经有不少朋友可以尝试着做一些游戏UI的设计和作品了。这里建议大家多练习和准备一些原创性的作品，以确定出自己的设计类型与风格。同时，在后续制作我们自己简历的时候也会更加方便和快捷，让我们的简历显得更加出彩，如图5-1和图5-2所示。

图5-1

图5-2

5.1.1 设定游戏UI风格与类型

在游戏项目的类型中，大致可分为Q版类游戏项目和写实类游戏项目两种，这两种游戏项目又可细分为休闲、射击、策略及角色扮演等类型。大家在开始准备自己简历作品的时候最好找一些市面上比较主流的游戏项目来制作一些相关的设计作品，这样面试成功的概率也较大。如图5-3~图5-6所示，目前的手机游戏就比较流行，如果大家的简历中作品中都是关于客户端游戏或网页游戏的UI设计作品，那么在同等能力情况下面试成功的概率就会比准备手机游戏UI作品的朋友低。

图5-3

图5-4

图5-5

图5-6

　　在设计一个游戏 UI 作品之前，要先了解这个游戏的项目背景和玩法。对游戏项目背景有了充分了解之后，可以去寻找一些相关的游戏素材，并参考这些游戏素材中的界面元素和设计理念。除此之外，大家还应该收集一些相关类型的角色原画和场景原画来丰富自己的想法和创意，如图5-7~图5-9所示。

图5-7

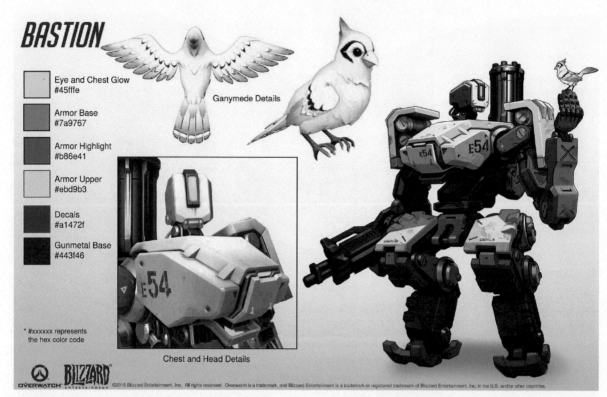

图5-8

图5-9

　　在游戏研发公司，设计一个游戏项目前通常都要先设定好游戏的角色和场景，这样才能还原策划时的想法和脑海中的游戏世界。目前，国内有一个很不好的现象就是游戏UI设计在游戏项目与制作中看似很重要，但实际上却大多都是等到项目要收尾了或者下个月就要上线了才拼命找外包或者UI设计人员通过大量加班去完成海量的工作任务，这样最后所体现出来的工作质量也很容易出现问题；而在国外，一个游戏项目的UI设计往往是从项目开始就和原画设计一起介入进来的，这时UI设计师会和原画设计师同时参与游戏风格、配色和交互细节等设定，所以，国外的游戏UI设计师通常都精通原画，有的还精通三维软件等。这类一专多能，综合能力强的游戏研发人员很可能是日后国内游戏行业的主力军。

5.1.2 如何定位品质与标准

通常，一个好的游戏UI界面一定是功能与美观兼具，同时有丰富的细节与层次感，风格定位合理明确，颜色搭配合适，交互设计科学而有创意。进行设计时一定要从用户的角度出发，按钮不宜过多，尽量减少文字而多采用图形化设计，避免玩家理解困难，影响体验感，如图5-10~图5-17所示。

图5-10

图5-11

图5-12

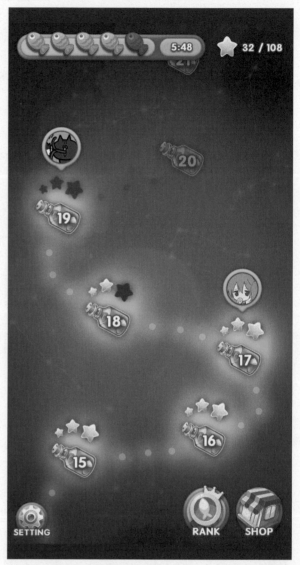

图5-13

图5-14

图5-15

图5-16

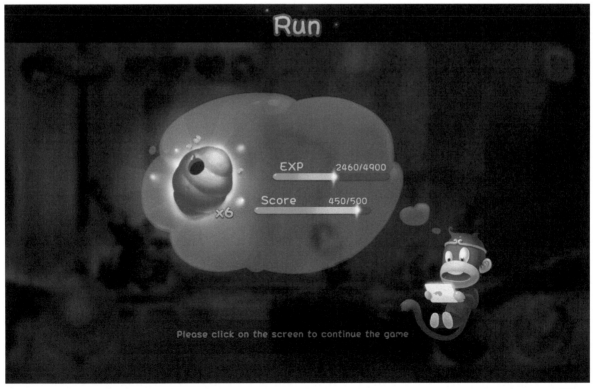

图5-17

5.1.3 在具体设计时需要注意的点

这里假设将自己简历中的游戏UI设计作品风格与类型定义为"Q版韩国格斗类游戏",那么游戏界面就一定要保持简洁、可爱和干净,同时用色明亮,交互效果简约,且需要表现出一些丰富的细节效果。在设计时一是要注意其颜色和材质的选择;二要注意界面和图标的创意与设计。

在颜色的选择上,一般要求偏鲜亮一些的颜色,而韩国游戏大多喜用土褐色。所以,在具体设计时,我们可以选择黄褐色为主色,蓝色和绿色为次色,另外再加上一些如红色、黄色、绿色和紫色等亮色作为点缀使用。

在材质的选择上,可以选择如木头、牛皮纸、宝石及金属等材质来进行表现,界面面板选择偏薄的设计,符合目前扁平化设计的流行趋势,不会显得太过厚重,如图5-18~图5-22所示。

图5-18

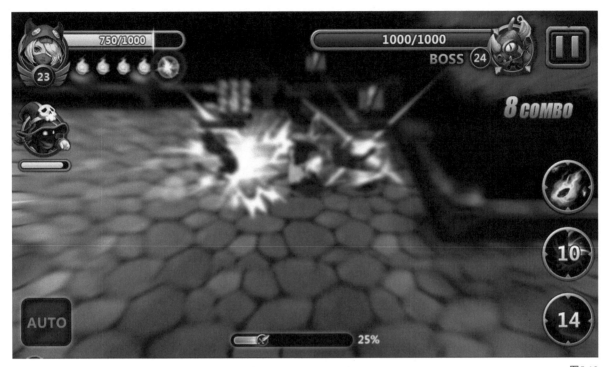

图5-19

图5-20

图5-21

图5-22

5.2 UI简历包装

5.2.1 图标作品的包装

图标作品能很好地表达游戏UI设计师的手绘与设计能力，好的图标一定要美观、醒目且识别度高。通常图标分为装备图标、技能图标、道具图标和系统图标等，大家在简历上放图标作品时最好按整套来进行摆放。通常在简历上放置一套欧美写实装备图标或者是Q版技能图标时一般为5~6个即可；如果是单个图标分不同品级的，至少要按低、中、高3个级别来进行排放；如果除了图标作品，还做了相应的一套界面设计作品的话，那么最好将图标和界面放在一起，形成一整套呈现给面试官；另外，在放置作品时一定注意将游戏启动图标和其他的图标进行明显区分。因为游戏启动图标往往是设计的重点，这样可以让面试官一目了然，如图5-23~图5-26所示。

图5-23

图5-24

图5-25

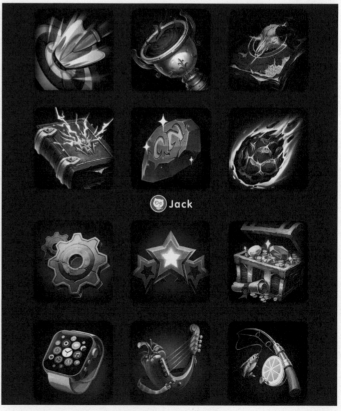

图5-26

5.2.2 界面作品的包装

建议大家在简历中准备界面作品以成套为好，展示最主要的几个界面，例如，主界面、角色、背包、商城及排行榜界面等；这些界面中的图标可以单独提出来放在界面旁边或其他合适的位置，另外可以配上界面局部截图，让排版效果显得更直观和专业；如果大家的作品中有网络素材，可在界面下方写上一个标注，例如，说明角色界面中人物角色的设计灵感来自网上搜集的素材资源，避免引起版权纠纷和让面试官误会。在作品旁边可以加入一些角色这样排版，丰富画面还能让作品有节奏感，加入一些切图也是不错的办法，可以让简历显得更为专业。

图5-28

图5-27

图5-29

5.2.3 **手绘草图作品的包装**

手绘是判断游戏UI设计师工作能力的一个重要基准，出色的草图手绘能力可以在工作中快速将自己的设计灵感和交互理念表达出来。因此，在简历中放置一些手绘草图作品可以让自己的简历显得更加出彩。因此，大家平时可以多手绘制作出一些图标、角色和界面等作品，随时记录下自己的创作灵感，包括不同材质在界面中的运用等。

另外，无论是图标作品、界面作品还是手绘草图作品，在简历中最好不要出现有临摹的作品，否则，容易被认为经验欠缺，缺乏创意与灵感。并且在选择这些作品时要注意凸显精致，排版要突出设计感，甚至可以将简历背景也做一些设计，如图5-30~图5-34所示。

图5-30

图5-31

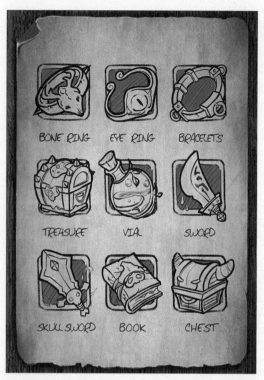

图5-32

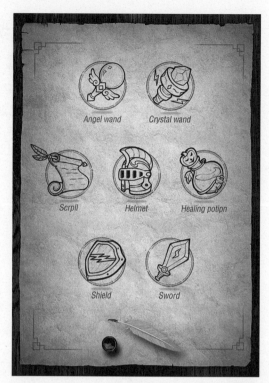

图5-33

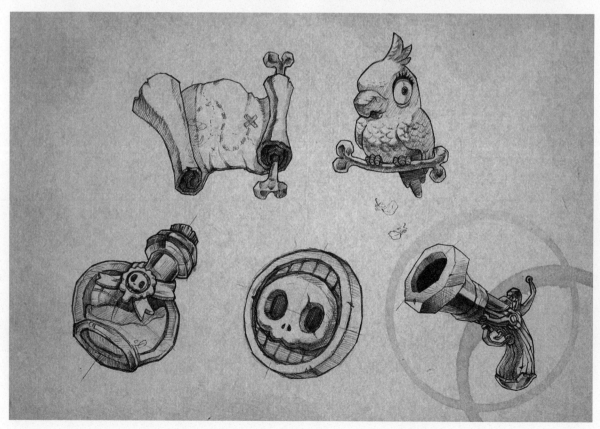

图5-34

5.3 UI面试零压力

5.3.1 面试经验与总结

如图5-35所示，通常，在面试时容易遇到的第一个问题就是做自我介绍，UI设计师也不例外。面试者最好在面试前就打好草稿，必要时可书写一份自我介绍，以便不时之需。一些大型公司面试时，面试官会问及个人对UI的理解、UI的重要性及UI美化在游戏中的作用等，这些问题可以考验面试者对UI设计的一些理论性知识的了解程度，以及对UI设计专业的重视程度。因此，大家平时可以多看一些与UI相关的设计书籍来充实自己，以便面试时能和面试官愉快地沟通，增加自己通过面试的概率。

某些公司在发面试通知时一般会将公司网站或公司游戏平台同时发到邮箱，而且通常面试官也会在面试时提问面试者对本公司和本公司游戏的了解。因此，读者在接到面试邮件时，有必要将公司网站和游戏平台仔细浏览一遍，以便对公司背景和所涉及的项目有一个细致的了解。即使是在面试过程中面试官不会提问此类问题，自己也可以在面试过程中稍稍提到一些对公司和公司游戏项目的了解，以增加面试官对自己的好感。

同时，面试时我们还经常会被问到一些关于游戏行业工作经验的问题。例如，从业时间、自身是否有独立项目经验、平时主要的工作内容及个人擅长的风格等。关于这方面的问题，大家如实回答就好，不要去编造一些子虚乌有的工作经历；另外，在面试时离职原因也是容易被问及的，尤其是自身有半途转行经历的面试者，通常还会被问到转行的原因、后期的发展方向及以往的工作经验对自己未来工作的帮助等。

作为游戏UI设计师，平时一定要多玩游戏，对游戏有更深度的了解，方便多站在用户角度来为他们进行设计。所以，UI设计师在面试时也经常会被问到平时是否玩游戏及玩的游戏类型等问题。深入一些的还会问到最近在玩的游戏或一些经典游戏的界面，并让面试者分析此类游戏界面设计的优劣之处等。

此外，有时候面试官还会以举例的方式来提问你与同事之间的沟通能力和处理问题能力，例如，如何处理你的个人想法与策划人或程序员之间理念的冲突等。因为UI设计师在工作中与团队协作是非常紧密的，因此，遇到这些问题时要提前思考，再做巧妙应答。

图5-35

5.3.2 实际操作测试的经验与总结

在面试通过后，面试者通常会被要求UI设计与测试，有的是在家完成，有的是在公司当面完成。

如果是在家完成测试，从公司发来测试项目开始为3天完成时间，一般要求完成一个界面和几个图标设计。也有公司会给一周的时间，那么单体测试项目也会相应增多，同时质量要求也会提高，例如，要求设计主界面和一个角色界面等。有些公司在发来测试时，只提供一个策划文档，此时可根据文档和面试公司先进行充分沟通，让对方提供一些游戏美术资源，以便自己对游戏项目与风格有一个更好地把握，做出更加符合要求的游戏界面，如图5-36所示。

图5-36

如果是到公司测试，面试者可在自己的手机或U盘内存储一些对测试有用的资料，以便在公司计算机没有联网的情况下使用。在测试过程中，遇到问题要及时和公司的同事或面试官沟通，例如，遇到计算机设置密码，或者绘制时发现没有压感笔等。

> **TIPS**
>
> 当面试环节通过后，无论是在家测试还是在公司测试，都要注意保护好自己的工程文件。当将自己的测试作品递交给面试官的时候，最好以 .jpg 的格式发送。

在做测试作品的过程中，要注意游戏界面风格的把控和交互体验式布局的展现。时间允许的情况下，可先在界面中做好交互体验式布局和整体配色，然后再细化细节。

测试完成后，面试公司给出反馈的时间通常是2~7个工作日。其中一些小公司因人事管理流程相对简单，2天左右就会给出反馈，大公司因为管理流程较多，会在7天左右才给出反馈。另外，国内的大型游戏公司和外企游戏公司一般还会有3~5次面试。如之前作者的一个朋友到腾讯公司面试，从笔试到入职用了将近3个月。另外，针对一些外国企业，作者曾经面试过了一家叫作Zynga的公司，当时是在中国分公司进行的面试，先反馈到美国总部后再将面试结果反馈回中国分公司，从面试合格到正式收到录用通知共历时6个月。所以，大家在面试一些大型企业的时候，如果没有很快收到入职通知，不妨耐心等待。

最后祝大家面试顺利，并且能进入自己喜欢的游戏公司工作。作者在此也期待后续有时间能够给大家提供更多关于游戏UI的设计书籍，帮助大家提高游戏UI的设计能力。

附录（常用资源网站）

在本书的最后我们附上一些游戏行业的网站，希望给新人朋友了解游戏圈带来一些帮助。（排名不分前后）

原画人CG艺术家联盟是一个综合原创交流和教育为一体的资讯中心，始终以弘扬民族文化精神，构建CG创意平台，打造中国设计之都，培育原创设计人才为宗旨和理念。这里有一群怀揣梦想并敢于追求梦想的年轻人，坚持一颗热衷CG艺术的初心和崇尚原创的职业精神，始终以社会公益事业为主要追求目标，志愿建设具有中国特色的原画人CG创意艺术文化，并为此不断创新，不断发展，不断进步。

微博：@原画人官方微博

微信：CCGAA-vx

微元素是中国数一数二的游戏资源下载网站，提供最全面的游戏资源下载，包括手机游戏资源、网页游戏资源、原画、插画、Unity技术、UI、特效及动画等大量不断更新的优质资源，是游戏开发者的首选资源下载平台。

CG窝数字艺术家园（学艺派教育）是一个关于CG动漫艺术、插画、原画、创意设计、3D制作及2D平面设计等数字艺术的资源分享与交流平台，同时也是互动与教学论坛社区。旗下YY频道8685，至今已经历经近两年，邀请了100多名业内精英，举办过700多场公益性质的分享交流讲座，听课人次近30万，得到了业内的广泛认可。CG窝未来将继续致力于打造CG动漫行业优质的在线作品分享、经验交流及公益教学平台。

微博：@CG窝插画原画手绘板绘画游戏美术

微信：cgvoo520

　　优设网是目前国内专业的设计师平台，其每天保质保量，坚持更新Photoshop教程、设计技巧及职场方法等"干货"，力求让零基础的新手通过实战入门，让初入职场的同学有前辈的经验可循。

　　另外，优设会还定期邀请众多知名设计总监和资深设计师举行线上讲座，分享职场进阶、技能提升的亲历经验。同时已在北京、广州、上海和杭州等举办过20多场线下大型讲座，让优设同学有机会与一些设计总监面对面交流。

　　微博：@优秀网页设计

　　微信：youshege

　　CGINK美术资源网是一家专门为游戏美术专业人员提供素材和学习交流分享的平台，网站里面有海量的原画设定、UI素材、3D素材和CG游戏教程内容，既全面且很高清，希望为大家提供更多的学习助力。

　　微博：@CG硬克美术资源网

　　努力画画，拼命玩！一起画画，一起玩耍。在原画梦你会结识和你一样喜欢画画的朋友，还有各种画痴、吃货、驴友以及热爱人生活的小伙伴，大家一起来玩吧！

　　微博：@原画梦官网

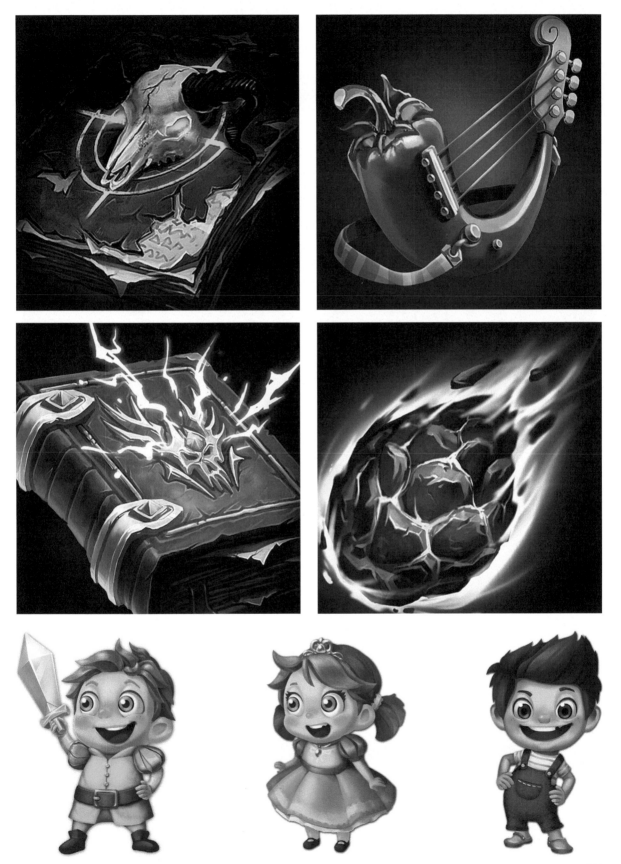

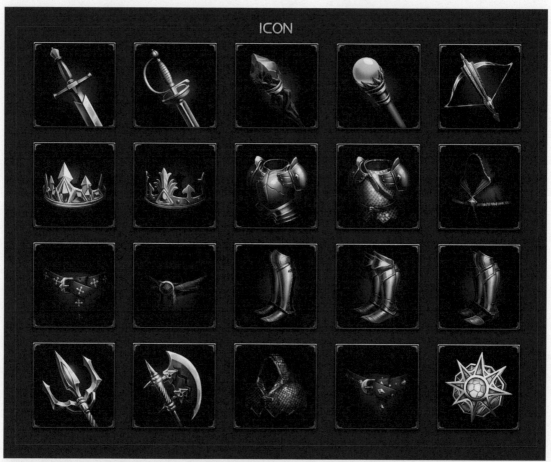

游戏UI班(网络、实体)全年招生

实体班-江西

三个月教学提高同学的美术基础，真实项目工作能力，具备实际工作需要的设计、制作能力。

提高班-网络

提高在职UI设计创意、制作能力，多种不同项目风格的把控，实际项目中优化资源能力。

就业班-网络

0基础教学，系统教授游戏交互理论，结合真实项目策划案带学生完成一套完整项目作品。

手绘班-网络

0基础教学，系统教授学生手绘原画基础，材质绘制能力，提高图标和手绘界面能力。

主要课程包含：	主要课程包含：	主要课程包含：	主要课程包含：
PS软件技巧、手写板使用	什么是美的，如何提高审美	交互设计的重要性	原画和游戏UI的关联和重要性
游戏公司项目流程和职位介绍	创意按钮大餐来袭	UI的工作职能和需要掌握的能力	手绘为啥对我们设计如此重要
玩转素描、色彩知识	创意界面大餐来袭	PS软件的和手写板的使用	点线面如何组成打动人心的草图
玩转透视基础、光影构图		美术透视、光影基础	如何画好线条和透视
	一起来和交互做朋友		
吃透UE交互理念	如何优化策划文档交互问题	UI界面和图标的色彩分析和窍门	游戏设计必须掌握的五类图标
国内和国外游戏审美对比提高	如何让设计界面有层级感	光影对作品的重要影响	图标如何构图更显专业
常见材质的绘制技巧	高级配色法则大揭秘	如何学会创意大转变	提高了审美就提高了作品品质标准
优秀作品交互案例分析		游戏UI交互草图设计	黑白光影的魔力，形体如何塑造
	常规界面特点和实操		色彩构成对作品的重要性
按钮和界面的软件设计	特殊界面特点和实操	游戏UI界面制作01（角色背包）	
项目01套设计草图制作	创意变变变实操大集合	游戏UI界面制作02（选人界面）	常见材质分析和实操（木头）
项目01套设计细化	项目UI规范如何制定	游戏UI界面制作03（商店界面）	常见材质分析和实操（石头）
项目01套修改和作业指导		游戏UI界面制作04（战斗界面）	常见材质分析和实操（玻璃）
	各类游戏风格归纳和特征	游戏UI界面制作05（主界面）	常见材质分析和实操（金属）
游戏UI通用和特殊界面设计分析	主流风格讲解（欧美篇）	游戏UI界面制作06（关卡界面）	常见材质分析和实操（纸张）
项目02套设计草图制作	主流风格讲解（韩国篇）	项目中切图和命名的流程规范	常见材质分析和实操（布匹）
项目02套设计细化	主流风格讲解（日本篇）		
项目02套修改和作业指导	主流风格讲解（中国篇）	图标的分类和构图详解	手绘材质对界面的帮助
		图标的示范制作01-04（实操）	常用材质图标和界面搭配法则
UI切图和UI规范的小窍门	项目01-02套草图方案设计	拿到测试题怎么下手	场景原画构图详解
拿到测试题如何下手	项目01-02套设计细化指导	面试需要注意的流程和回答	场景原画气氛绘制……
个人简历如何包装高大上	项目中如何优化UI资源	作品如何包装才专业	
面试需要注意的问题……	如何完善提升作品含金量……	未来行业发展分析……	

全日制（周1-周五全天上课）	周末班（周三、周末开课）	周末班（周三、周末开课）	周末班（周三、周末开课）
3个月实战课 + 1个月指导课	**10周/14周**	**10周/14周**	**10周/14周**

报名就赠送课前视频、30G-UI素材、电子书、单独修改作业和毕业证；实体班多发实习证明，所有学员全力推荐工作。

网络班优惠卷　　实体班优惠卷

500元 1000元

授课老师微信　　报名支持信用卡、蚂蚁借呗、支付宝、微信等，可开具公司正规发票！　　咨询老师微信